**建设机械岗位培训教材**

# 锚杆钻机安全操作与使用保养

住房和城乡建设部建筑施工安全标准化技术委员会
中国建设教育协会建设机械职业教育专业委员会 组织编写

蒋顺东　主编

中国建筑工业出版社

**图书在版编目（CIP）数据**

锚杆钻机安全操作与使用保养/蒋顺东主编. —北京：中国建筑工业出版社，2018.8

建设机械岗位培训教材

ISBN 978-7-112-22530-9

Ⅰ. ①锚… Ⅱ. ①蒋… Ⅲ. ①锚杆-钻机-岗位培训-教材

Ⅳ. ①TU63

中国版本图书馆 CIP 数据核字（2018）第 173911 号

本书是建设机械岗位培训教材之一，主要内容包括：岗位认知、原理常识、工法与标准、操作与日常维护、安全与防护、施工现场常见标志与标示、安全使用和操作钻机的符号汇总。本书既可作为施工作业人员上岗培训教材，也可作为高中职院校相关专业的教材。

责任编辑：李　慧　朱首明　李　明

责任校对：党　蕾

建设机械岗位培训教材

**锚杆钻机安全操作与使用保养**

住房和城乡建设部建筑施工安全标准化技术委员会

中国建设教育协会建设机械职业教育专业委员会　　组织编写

蒋顺东　主编

\*

中国建筑工业出版社出版、发行（北京海淀三里河路9号）

各地新华书店、建筑书店经销

北京红光制版公司制版

天津翔远印刷有限公司印刷

\*

开本：787×1092 毫米　1/16　印张：7¼　字数：179 千字

2018 年 8 月第一版　　2018 年 8 月第一次印刷

定价：**24.00** 元

ISBN 978-7-112-22530-9

（32608）

# 建设机械岗位培训教材编审委员会

主 任 委 员：李守林

副主任委员：王 平 李 奇 沈元勤

顾 问 委 员：荣大成 鞠洪芬 刘 伟 姬光才

委　　　员：（按姓氏笔画排序）

王 进　王庆明　邓年春　孔德俊　师培义　朱万旭

刘 彬　刘振华　关鹏刚　苏明存　李 飞　李 军

李明堂　李培启　杨惠志　肖 理　肖文艺　吴斌兴

陈伟超　陈建平　陈春明　周东蕾　禹海军　耿双喜

高红顺　陶松林　葛学炎　鲁轩轩　雷振华　蔡 雷

**特别鸣谢：**

中国建设教育协会秘书处

中国建筑科学研究院有限公司建筑机械化研究分院

北京建筑机械化研究院有限公司

中国建设教育协会培训中心

中国建设教育协会继续教育专业委员会

中国建设劳动学会建设机械技能考评专业委员会

中国工程机械工业协会租赁分会

中国工程机械工业协会桩工机械分会

中国工程机械工业协会用户工作委员会

住建部标准定额研究所

全国建筑施工机械与设备标准化技术委员会

全国升降工作平台标准化技术委员会

住房和城乡建设部建筑施工安全标准化技术委员会

中国工程机械工业协会标准化工作委员会

中国工程机械工业协会施工机械化分会

中国建筑装饰协会施工专业委员会

北京建研机械科技有限公司

国家建筑工程质量监督检验中心脚手架扣件与施工机具检测部

廊坊凯博建设机械科技有限公司

河南省建筑安全监督总站

长安大学工程机械学院

山东德建集团

大连城建设计研究院有限公司

北京燕京工程管理有限公司

中建一局北京公司

北京市建筑机械材料检测站

中国建设教育协会建设机械领域骨干会员单位

# 前　言

我国锚杆钻机的生产使用从 20 世纪 60 年代初起步，至今已有 50 多年历史。锚杆钻机是桩工机械的一种，是锚固支护和地基处理工程的关键设备之一，广泛用于建筑深基坑、矿山巷道、隧道、水利、铁路和公路等工程，对于治理和预防深基坑坍塌、边坡滑落、地质灾害等有独特的优越性。随着机械化施工的普及，现场作业人员对锚杆钻机机械化施工作业知识提出了更新的需求。

为推动机械化施工领域岗位能力培训工作，中国建设教育协会建设机械职业教育专业委员会联合中国建筑科学研究院有限公司建筑机械化研究分院、住房城乡建设部施工安全标准化技术委员会共同设计了建设机械岗位培训教材的知识体系和岗位能力的知识结构框架，并启动了岗位培训教材研究编制工作，得到了行业主管部门、高校院所、行业龙头骨干厂、高中职校会员单位和业内专家的大力支持。住房城乡建设部建筑施工安全标准化技术委员会、中国建筑科学研究院有限公司建筑机械化研究分院、中国建设教育协会建设机械职业教育专业委员会等单位组织编写了《锚杆钻机安全操作与使用保养》一书。该书全面介绍了该领域的行业知识、职业要求、产品原理、设备操作、维修保养、安全作业及设备在各领域的应用，对于普及机械化施工作业知识将起到积极作用。

全书由北京建筑机械化研究院有限公司蒋顺东主编，北京建筑机械化研究院有限公司贾大伟、于景华任副主编并统稿，北京建研机械科技有限公司崔太刚和中国建筑科学研究院有限公司建筑机械化研究分院王平担任主审。

本书在编写过程中得到了中国建设教育协会建设机械职业教育专业委员会各会员单位和宇通重工有限公司、山河智能机械股份有限公司等行业骨干企业的大力支持。北京建筑机械化研究院有限公司马肖丽、徐建、刘慧彬、李科锋、唐圆、李丽，宇通重工有限公司米增雨、冯钦，山河智能机械股份有限公司李耀、朱建新、姚维，河北衡水龙兴房地产开发有限公司王景润，中国建筑科学研究院有限公司建筑机械化研究分院恩旺、鲁云飞、刘贺明、刘承桓、鲁卫涛、张磊庆、张淼、王春琢、王红格、陈浩、冯云、郭玉增、陈晓峰、高娟、孟竹、陈惠民等，河北省衡水市建设工程质量监督检验中心王敬一、王项乙，北华航天工业学院路梦瑶，河北公安消防总队李保国，武警部队交通指挥部施工车辆培训中心刘振华、林英斌，浙江开元建筑安装集团余立成，中建一局北京公司秦兆文，中国京冶工程技术有限公司胡培林、胡晓晨，住房城乡建设部标准定额研究所毕敏娜、姚涛、张惠锋、刘彬、郝江婷、赵霞，衡水学院王占海，大连交通大学管理学院宋艳玉，大连城建设计研究院有限公司靖文飞，北京燕京工程管理有限公司马奉公参加编写。

成书过程得到了中国工程机械工业协会李守林副理事长、中国工程机械工业协会工程机械租赁分会田广范理事长、桩工机械分会刘元洪理事长等业内人士的不吝赐教，一并致谢。

# 目　　录

第一章　岗位认知 ………………………………………………………………… 1

　　第一节　行业认知 …………………………………………………………… 1

　　第二节　从业要求 …………………………………………………………… 2

　　第三节　职业道德常识 ……………………………………………………… 3

第二章　原理常识 ………………………………………………………………… 5

　　第一节　术语和定义 ………………………………………………………… 5

　　第二节　分类 ………………………………………………………………… 5

　　第三节　国内外技术对比和发展趋势 ……………………………………… 7

　　第四节　典型工况 …………………………………………………………… 8

　　第五节　工作原理常识 ……………………………………………………… 10

第三章　工法与标准 ……………………………………………………………… 27

　　第一节　典型施工工法的机理 ……………………………………………… 27

　　第二节　典型施工工法应用介绍 …………………………………………… 37

　　第三节　相关标准体系概况 ………………………………………………… 46

第四章　操作与日常维护 ………………………………………………………… 54

　　第一节　操作条件 …………………………………………………………… 54

　　第二节　锚杆钻机的操作 …………………………………………………… 56

　　第三节　锚杆钻机的维护保养 ……………………………………………… 58

　　第四节　常见故障的诊断 …………………………………………………… 71

第五章　安全与防护 ……………………………………………………………… 76

　　第一节　基本安全要求 ……………………………………………………… 76

　　第二节　工作过程安全要求 ………………………………………………… 79

附录一　施工现场常见标志与标示 ……………………………………………… 84

　　第一节　禁止类标志 ………………………………………………………… 85

　　第二节　警告标志 …………………………………………………………… 87

　　第三节　指令标志 …………………………………………………………… 89

　　第四节　提示标志 …………………………………………………………… 90

　　第五节　导向标志 …………………………………………………………… 91

　　第六节　现场标线 …………………………………………………………… 93

　　第七节　制度标志 …………………………………………………………… 94

　　第八节　道路施工作业安全标志 …………………………………………… 94

附录二　安全使用和操作钻机的符号汇总 ……………………………………… 96

参考文献 ………………………………………………………………………… 109

# 第一章 岗 位 认 知

## 第一节 行 业 认 知

锚杆钻机是桩工机械的一种，是锚固支护和地基处理工程的关键设备之一，广泛用于建筑深基坑、矿山巷道、隧道、水利、铁路和公路等工程，对于治理和预防深基坑坍塌、边坡滑落、地质灾害等有独特的优越性。

我国锚杆钻机产业起步于 20 世纪 60 年代，从第一代电动锚杆钻机开始先后研制了机械支腿式锚杆钻机、钻车式锚杆钻机、支腿与导轨式液压锚杆钻机、支腿式气动锚杆钻机、非机械传动电动锚杆钻机、机载式锚杆钻机等，形成液压、电动、气动三大系列产品，主要用于煤矿行业。

20 世纪 90 年代初，锚固支护技术开始在我国的建筑业推广应用，锚杆钻机走进工程建设领域，一些探矿机械厂的钻机开始用于工程建设。这些钻机结构都比较简单，以机械式传动为主，使用范围窄，施工效率低，自动化程度低。底盘多为固定式，移位需用起吊设备；也有步履式的，移位效率很低；上机部分或不能摆动，或摆角范围小，钻具就位的机动性和灵活性不足，动力头仅可旋转钻进，在土层和泥沙层作业尚可，但遇到卵石层、岩层则施工困难。一些重点工程、大型工程使用的全液压履带式锚杆钻机多为进口，以日本矿研株式会社、美国英格索兰公司、德国克莱姆公司、意大利卡萨格兰地公司的产品为主。国内的厂家窥见广阔的市场前景，在吸收国外锚杆钻机技术的基础上开始研制先进的锚杆钻机。

北京建研机械科技有限公司于 2010 年成功研制出 MG100 锚杆钻机，填补了国内全液压履带式锚杆钻机的空白，此后不断改进，现在的成熟产品型号为 JD110 型和 JD180 型。这两个型号的钻机均为全液压驱动，履带式行走；钻机的钻架能够在水平和垂直两个平面内调节角度，施工范围广，不留死角；动力头可边回转边冲击，解决了对含卵石的黏土钻孔时偏孔或无法钻孔的问题，施工效率高。

宇通重工生产的 YTA 系列锚杆钻机，通过两组滑架四连杆机构的配合运动，可实现滑架多方位旋转或倾斜，进而实现钻机左、右、前、下及多种倾斜施工动作，极大地增强了该钻机的场地适应性和灵活性；钻进速度高；配有移动式主操纵台，操作方便；多功能化，适用于在土层、黏土层、砂石层、岩土层和含水层等各种不同类型的地质条件下实现锚杆、锚索、地质钻探、注浆加固、地下微型桩的施工。

山河智能机械股份有限公司生产的 SWMD 钻机整机工作重心低，有前、后稳车装置，接地比压较小，行走速度高，设备工作安全稳定性高，机动性好，场地适应能力强；钻架工作范围大，适应工作面广；给进/起拔力大、速度快，施工高效，更能够适应各种复杂的地况；高配置，采用美国康明斯欧Ⅲ阶段发动机，动力强劲；负载敏感控制的液压控制系统和动力系统多参数监控，确保系统节能安全。

目前国内锚杆钻机生产商还有三一重型装备有限公司、四川钻神岩土工程设备制造有限公司、优博林机械设备有限公司等。

# 第二节 从 业 要 求

## 一、岗位能力

岗位能力主要是指针对某一行业某一工作职位提出的在职实际操作能力。

岗位能力培训旨在针对新知识、新技术、新技能、新法规等内容开展培训，提升从业者岗位技能，增强就业能力，探索职业培训的新方法和途径，提高我国职业培训技术水平，促进就业。

在市场化培训服务模式下，学员可以由住房和城乡建设部主管的中国建设教育协会建设机械职业教育专业委员会的会员定点培训机构，自愿报名注册参加培训学习，考核通过后，取得岗位培训合格证书（含操作证）；该学习培训过程由培训服务市场主体基于市场化规则开展，培训合格证书由相关市场主体自愿约定采用。该证书是学员通过专业培训后具备岗位能力的证明，是工伤事故及安全事故裁定中证明自身接受过系统培训、具备基本岗位能力的辅证；同时也证明自己接受过专业培训，基本岗位能力符合建设机械国家及行业标准、产品标准和作业规程对操作者的基本要求。

学员发生事故后，调查机构可能追溯学员培训记录，社保机构也将学员岗位能力是否合格作为理赔要件之一。中国建设教育协会建设机械职业教育专业委员会作为行业自律服务的第三方，将根据有关程序向有关机构出具学员培训记录和档案情况，作为事故处理和保险理赔的第三方辅助证明材料。因此学员档案的生成、记录的真实性、档案的长期保管显得较为重要。学员进入社会从业，经聘用单位考核入职录用后，还须自觉接受安全法规、技术标准、设备工法及应急事故自我保护等方面的变更内容的日常学习，以完成知识更新。

国家实行先培训后上岗的就业制度。根据最新的住房和城乡建设部建筑工人培训管理办法，工人可由用人单位根据岗位设置自行实施培训，也可以委托第三方专业机构实施培训服务，用人单位和培训机构是建筑工人培训的责任主体，鼓励社会组织根据用户需要提供有价值的社团服务。

国家鼓励劳动者在自愿参加职业技能考核或鉴定后，获得职业技能证书。学员参加基础培训考核，获取建设类建设机械施工作业岗位培训证明，即可具备基础知识能力；具备一定工作经验后，还可通过第三方技能鉴定机构或水平评价服务机构参加技能评定，获得相关岗位职业技能证书。

## 二、从业准入

所谓从业准入，是指根据法律法规有关规定，从事涉及国家财产、人民生命安全等特种职业和工种的劳动者，须经过安全培训取得特种从业资格证书后，方可上岗。

对属于特种设备和特种作业的岗位机种，学员应在岗位基础知识能力培训合格后，自觉接受政府和用人单位组织的安全教育培训，考取政府的特种从业资格证书。从 2012 年起，工程建设机械已经不再列入特种设备目录（塔式起重机、施工升降机、大吨位行车等少数几种除外）。混凝土布料机、旋挖钻机、锚杆钻机、挖掘机、装载机、高空作业车、平地机等大部分建设机械机种目前已不属于特种设备，在不涉及特种作业的情况下，对操作者不存在行业准入从业资格问题。

目前锚杆钻机虽不属于住建部发布的特种作业安全监管范畴，但该种设备如果使用不当或违章操作，会造成建筑物、周边设备及设备自身的损坏，对施工人员安全造成伤害。从业人员须经基础知识能力培训合格基础上，经过用人单位审核录用、安全交底和技术交底，获得现场主管授权后，方可上岗操作。

### 三、知识更新和终身学习

终身学习指社会每个成员为适应社会发展和实现个体发展的需要，贯穿于人的一生的持续的学习过程。终身学习促进职业发展，使职业生涯的可持续性发展、个性化发展、全面发展成为可能。终身学习是一个连续不断的发展过程，只有通过不间断地学习，做好充分的准备，才能从容应对职业生涯中所遇到的各种挑战。

建设机械施工作业的法规条款和工法、标准规范的修订周期一般为3～5年，而产品型号技术升级则更频繁，因此，建设行业的施工安全监管部门、行业组织均对施工作业人员提出了在岗日常学习和不定期接受继续教育的要求，目的是为了保证操作者及时掌握设备最新知识和标准规范以及有关法律法规的变动情况，保持施工作业者的安全素质。

施工机械设备的操作者应自觉保持终身学习和知识更新、在岗日常学习等，以便及时了解岗位相关知识体系的最新变动内容，熟悉最新的安全生产要求和设备安全作业须知事项，才能有效防范和避免安全事故。

终身学习提倡尊重每个职工的个性和独立选择，每个职工在其职业生涯中随时可以选择最适合自己的学习形式，以便通过自主自发地学习在最大和最真实程度上使职工的个性得到最好的发展。兼顾技术能力升级学习的同时，也要注意职工在文化素质、职业技能、社会意识、职业道德、心理素质等方面的全面发展，采用多样的组织形式，利用一切教育学习资源，为企业职工提供连续不断的学习服务，使所有企业职工都能平等获得学习和全面发展的机会。

## 第三节 职业道德常识

### 一、职业道德的概念

职业道德是指所有从业人员在职业活动中应该遵循的行为准则，是一定职业范围内的特殊道德要求，即整个社会对从业人员的职业观念、职业态度、职业技能、职业纪律和职业作风等方面的行为标准和要求。属于自律范围，它通过公约、守则等对职业生活中的某些方面加以规范。

### 二、职业道德规范要求

建设部于1997年发布的《建筑业从业人员职业道德规范（试行）》中，对操作人员相关要求如下：

**1. 建筑从业人员共同职业道德规范**

（1）热爱事业，尽职尽责

热爱建筑事业，安心本职工作，树立职业责任感和荣誉感，发扬主人翁精神，尽职尽责，在生产中不怕苦，勤勤恳恳，努力完成任务。

（2）努力学习，苦练硬功

努力学文化，学知识，刻苦钻研技术，熟练掌握本工种的基本技能，练就一身过硬本领。努力学习和运用先进的施工方法，钻研建筑新技术、新工艺、新材料。

（3）精心施工，确保质量

树立"百年大计、质量第一"的思想，按设计图纸和技术规范精心操作，确保工程质量，用优良的成绩树立建安工人形象。

（4）安全生产，文明施工

树立安全生产意识，严格执行安全操作规程，杜绝一切违章作业现象，确保安全生产无事故。维护施工现场整洁，在争创安全文明标准化现场管理中做出贡献。

（5）节约材料，降低成本

发扬勤俭节约优良传统，在操作中珍惜一砖一木，合理使用材料，认真做好落手清，现场清，及时回收材料，努力降低工程成本。

（6）遵章守纪，维护公德

要争做文明员工，模范遵守各项规章制度，发扬团结互助精神，尽力为其他工种提供方便。

提倡尊师爱徒，发扬劳动者的主人翁精神，处处维护国家利益和集体利益，服从上级领导和有关部门的管理。

**2. 中小型机械操作工职业道德规范**

（1）集中精力，精心操作，密切配合其他工种施工，确保工程质量，使工程如期完成；

（2）坚持"生产必须安全，安全为了生产"的意识，安全装置不完善的机械不使用，有故障的机械不使用，不乱接乱搭电线。爱护机械设备，做好维护保养工作；

（3）文明操作机械，防止损坏他人和国家财产，避免机械噪声扰民。

**3. 汽车驾驶员职业道德规范**

（1）严格执行交通法规和有关规章制度，服从交警的指挥；

（2）严禁超载，不乱装乱卸，不出"病"车，不开"争气"车、"英雄"车、"疲劳"车，不酒后驾车；

（3）服从车辆调度安排，保持车况良好，提高服务质量；

（4）树立"文明行驶，安全第一"的思想；

（5）运输砂、石料和废土等散状物件时，防止材料洒落污损道路。

# 第二章 原 理 常 识

## 第一节 术 语 和 定 义

**1. 锚杆钻机**

用于在地层中钻孔并植入锚杆的钻机。(本书所述锚杆钻机不含露天和井下矿山用锚杆钻机以及手持式锚杆钻机)

**2. 臂架**

也叫变幅机构或钻架。连接底盘和进给梁,且能使进给梁下沉、高举、水平、倾斜、直立,摆到预定位置的机构。

**3. 进给梁**

也叫推进梁、滑架或桅杆。是动力头的支撑、导向的结构件,内有进给机构。

**4. 推进力**

动力头进给机构使动力头前进时能产生的最大的力,也称进给力。

**5. 起拔力**

动力头进给机构使动力头后退时能产生的最大回拖力,也称拔管力、回程力。

**6. 进给行程**

动力头可沿进给梁移动的最大距离,也称推进行程。

**7. 动力头**

是驱动钻具旋转的动力装置,部分动力头带有尾锤冲击器,可以锤击钻具进行冲击作业。

**8. 最大输出扭矩、冲击能和转速**

是动力头的主要性能参数。最大输出扭矩是动力头输出轴所能输出的最大扭矩;冲击能是动力头的尾锤冲击器每次冲击所产生的能量;转速是动力头输出轴的旋转速度。

**9. 夹持卸扣器**

夹持钻具并松开相邻钻具的螺纹副的部件。

**10. 整机功率**

钻机装备的发动机的额定功率。

**11. 牵引力**

钻机行走时的最大驱动力。

## 第二节 分 类

锚杆钻机按以下几种不同方式进行分类。各制造商的产品可以是下述分类中的一种,也可以是下述分类中的不同组合。

## 一、按动力装置的形式分类

可分为电动式锚杆钻机、内燃式锚杆钻机和内燃－电动式锚杆钻机。电动式锚杆钻机没有废气排放，适用于隧道、地下空间等较封闭场所，或城市等电力易于取得的区域；内燃式锚杆钻机适应性强，除隧道、地下空间等较封闭场所外均适用，特别适用于野外没有电力供应的场所；内燃－电动式锚杆钻机兼有两者的优点，但购机成本较高。

## 二、按传动方式分类

可分为液压式锚杆钻机、气动式锚杆钻机和机械式锚杆钻机。

### 1. 液压式锚杆钻机

是最常见的类型，以液压油作为传动介质，通过液压泵在液压系统中建立压力，驱动执行机构如油缸、液压马达工作，如图 2-1 所示。

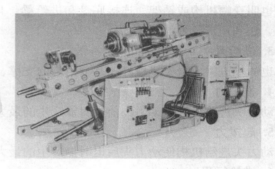

图 2-1　液压锚杆钻机

### 2. 气动式锚杆钻机

是以高压气体为传动介质的钻机。

### 3. 机械式锚杆钻机

很少见，是通过齿轮齿条、蜗轮蜗杆、带、链条、杠杆等机械零件进行传动的钻机。

## 三、按底盘的型式分类

可分为撬装式锚杆钻机、汽车式锚杆钻机和履带式锚杆钻机。

撬装式锚杆钻机（图 2-2）可将动力部分和工作部分分离，在不降低钻进能力的情况

图 2-2　撬装式锚杆钻机

下尽量减轻设备重量；有些机型可以安装在铁轨上，在狭窄的边坡上进行施工。撬装式锚杆钻机适合在大型机械无法到达的野外，通过人力方式搬运。

汽车式锚杆钻机机动灵活，转移方便，稳定性好，如图 2-3 所示。

图 2-3　汽车式液压锚杆钻机

履带式锚杆钻机接地比压小，在不平整地面施工方便，如图 2-4 所示。

图 2-4　履带式锚杆钻机

## 四、按破岩方式分类

可分为回转式、液压顶锤冲击式、气动潜孔冲击式。

回转式采用的动力头仅可回转，通过钻杆的旋转钻进成孔；液压顶锤冲击采用液压顶锤冲击式动力头，动力头本身既可以带动钻杆旋转，还可以冲击钻杆尾部，击碎岩石；气动潜孔冲击式由旋转动力头带动钻杆旋转，钻杆头部安装有潜孔锤，用以击碎岩石。

## 第三节　国内外技术对比和发展趋势

### 一、国外钻机发展趋势及主要技术

20 世纪 50 年代第一台锚杆钻机在美国诞生，20 世纪 60～70 年代，欧美工业发达国家研制出用于煤矿巷道支护的专用锚杆钻机。目前液压、气动锚杆钻机为国外主流锚杆钻机。

进入 20 世纪 90 年代，世界各大著名凿岩设备公司开始研发全液压、多功能的掘锚机组。目前一些国外厂家已开始研究及发展掘进机自动控制及远程监控技术，重点进行可视化遥控和远距离控制掘进机技术攻关。有些国家研发电液遥控全自动锚杆钻机，在不同工况下，工控机可对钻机控制系统实时反馈的数据进行编程，自动调节液压泵转速、液压冲击器的冲击能及冲击频率，自动检测画面和数据，如故障检测和报警灯信息，便于操作人员掌握各系统工作情况，提高了施工安全性及劳动效率。如意大利的阿特拉斯系列——Atlas Copco ROC T15 全液压锚杆钻机，可用无线遥控控制技术实现钻机的行走、定位等功能，灵活性强，生产效率高。

纵观国外锚杆钻机的发展历程，始终与锚杆支护理论的不断完善与发展紧密相连、相互依存、相互促进。国外锚杆钻机的发展趋势可以总结如下：一是不断完善和改进现在已经普遍使用的锚杆施工功能，增加与岩土锚固技术相关的勘察取芯、灌浆施工等功能，使其能够适应多种地质条件和工法的需要；二是不断加紧对机电液一体化装备的研究，使钻机控制实现自动化、智能化，生产实现组装模块化；三是不断研究采用新材料、新工艺、新技术。

## 二、国内钻机存在的差距

我国锚杆钻机起步较晚，在引进国外先进技术并消化吸收的基础上，通过自主创新提高自身产品的竞争力，但与国外相比，还存在一定的差距，主要表现在：

1. 国外多功能锚杆钻机的实时控制多为计算机智能监控操作系统，通信方式为 PLC 总线控制，可通过人机界面进行工作机实时监控，进行在线故障检测及报警等功能，工作人员可及时发现工作现场机械故障，便于维修；操作手能实时掌握钻进深度、钻架垂直度，保证钻孔准确到达设计深度和保持良好的垂直度；而国内锚杆钻机的控制多为手动或半自动，现场的工作人员一般根据施工经验操作，工程质量难以保证。

2. 我国锚杆支护装备高新技术应用不够广泛，至今尚未有自行研制的悬臂式掘进机加装机载锚杆钻机构成的掘锚一体化机组，还主要依靠国外进口。

3. 国产锚杆钻机的关键部分——旋转冲击式动力头的两个关键参数——冲击能和冲击频率的合理有效匹配一直未得到有效控制及实现，而国外液压冲击器调频调能技术可实现分档分级自动控制，可适应不同工况及施工工艺要求，且多有自动换杆装置，降低了工人的劳动强度，减少了安全事故。

4. 国外的锚杆钻机液压系统多采用电液伺服控制系统，如意大利的阿特拉斯（Atlas）系列全液压锚杆钻机，其液压系统为恒功率，系统中所用的液压元器件为国际先进产品。国内无论在液压整个系统上还是单个液压元器件上都与国外产品有很大差距。

5. 国内锚杆钻机的整机外观及操作室仪表盘的布置不如国外。

## 第四节　典　型　工　况

锚杆钻机可应用于以下工程施工（图 2-5）：

图 2-5 锚杆钻机应用范围示意图

($a$) 路基防坍；($b$) 边坡治理；($c$) 建筑加固；($d$) 挡土防护；($e$) 堤坝止滑；($f$) 巷道护顶；($g$) 地基处理

◆城市深基坑支护及地基加固工程孔　　◆铁路及公路的高边坡支护

◆地基锚固、灌浆、微型桩施工　　◆地质灾害滑坡及危岩体锚固工程

◆公路、铁路隧道掘进爆破孔　　　　◆矿山开采爆破孔
◆水电大坝爆破孔以及排水孔施工　　◆隧道孔壁支护
◆地源热泵施工　　　　　　　　　　◆旋喷施工

# 第五节　工作原理常识

## 一、锚杆钻机的基本组成

锚杆钻机主要由绞车、进给梁、动力头及小车、滑槽与摆动座、夹持卸扣器、臂架、液压系统、操作台、履带总成、后平台、发动机系统、下车架及电气系统等组成（图 2-6）。

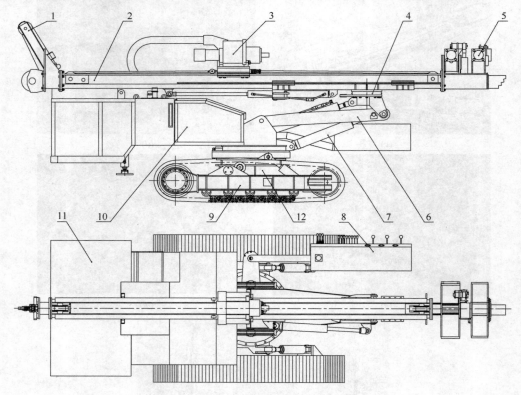

图 2-6　锚杆钻机基本组成

1—绞车；2—进给梁；3—动力头及小车；4—滑槽与摆动座；5—夹持卸扣器；6—臂架；7—液压系统；
8—操作台；9—履带总成；10—后平台；11—发动机系统；12—下车架

**1. 绞车**

绞车安装于进给梁的尾部，用于起吊钻具及拖拽锚索。

**2. 进给梁**

进给梁是动力头运行的机载导向及拖动机构。它由箱形梁及进给机构组成。箱形梁上部轨道供动力头小车运行，下部轨道夹持在滑槽与摆动座的滑槽内。动力头小车的前后端均与进给链条连接。锚杆钻机的进给机构一般有两种形式，一种是液压马达—减速机—链

轮—链条传动，动力头小车处于链条的闭合环路中，随链条在给进梁上前进或后退；另一种是油缸—链轮滑块—链条组成的倍速进给机构，由油缸推动链轮滑块运动，链条通过特定的固定和缠绕方式，拖拽动力头小车前进或后退（图2-7）。

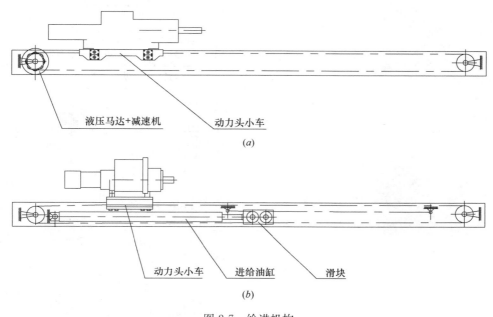

图 2-7　给进机构

（a）液压马达—链条给进机构；（b）油缸—链条倍速给进机构

### 3. 动力头及小车

动力头是锚杆钻机的核心部件，是钻进作业的驱动动力源，其主要功能就是将回转钻进所需的扭矩、振动冲击力和转速传给钻具，驱动钻具振动冲击并回转运动，此外，还与夹持机构配合，完成钻杆的连接和拆卸工作。动力头通常由液压马达或电机驱动，再通过齿轮箱减速，以达到增大回转扭矩的目的。图2-8是几种常用的动力头。

图2-8（a）为单马达回转动力头，具有结构简单、尺寸小、重量轻等优点。通常只进行回转钻进，有时也可同潜孔锤连接，进行回转冲击钻进。

图2-8（b）为双液压马达回转动力头，该结构的最大特点是：马达的转速和扭矩可根据不同的地质条件进行自动调节。

图2-8（c）为单马达回转冲击动力头，是由低转速大扭矩变量液压马达、无级调节冲击能和冲击频率的活塞行程调节装置、冲击机构和反弹吸收装置等主要部件组成。液压马达的转速和输出扭矩可根据地质条件进行无级调节。当岩土容易钻进时，回转钻进即可；如遇难钻岩土时，开启冲击机构，进行回转冲击钻进。因此，此种结构的动力头适应范围更广泛。

图2-8（d）为双马达回转冲击动力头，由两个低转速大扭矩变量液压马达、活塞行程调节装置、冲击机构和反弹吸收装置等组成。功能与图2-8（c）所示的单马达回转冲击动力头相同，不同的是它的冲击能和输出扭矩更大，适合在中硬度以上的岩石中进行钻进。

动力头小车搭载动力头，在进给梁的轨道上做进给运动。

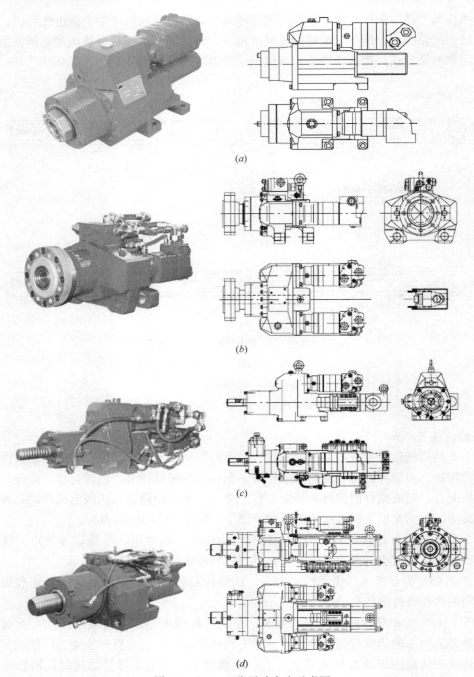

图 2-8　Interoc 公司动力头示意图

（a）单马达回转动力头；（b）双马达回转动力头；（c）单马达回转冲击动力头；（d）双马达回转冲击动力头

**4. 夹持卸扣器**

　　由两对夹具组成，每对夹具均由一对夹紧油缸组成，油缸推动夹爪夹住钻具。一对夹具为固定夹具，另一对夹具为卸扣夹具，由卸扣油缸推动其转动，可使钻具之间的螺纹连接松开。如图 2-9 所示。

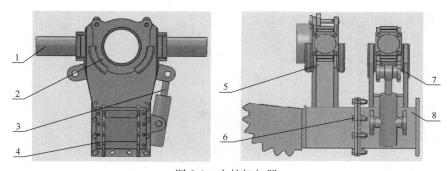

图 2-9　夹持卸扣器
1—夹紧油缸；2—导向套；3—卸扣油缸；4—顶齿；5—固定夹具；6—连接螺栓；
7—卸扣夹具；8—卸扣夹具固定座

**5. 钻架调整机构**

　　钻架调整机构是调整进给梁的姿态，使钻机能按需要的方向钻孔的机构，由大臂、滑槽与摆动座和油缸构成。大臂油缸的伸缩，可以带动大臂举升或下沉，变角油缸可以改变进给梁和大臂的夹角，使进给梁立起来，摆动油缸可以使进给梁绕摆动座左右摆动，滑动油缸可以使进给梁前后滑动，利于就位。不同厂家的钻机钻架调整机构各不相同，自由度也不同，图 2-10 是某一机型的钻架调整机构。

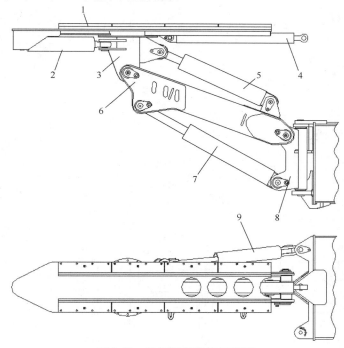

图 2-10　钻架调整机构示意图
1—滑槽；2—滑槽旋转油缸；3—翻转头；4—桅杆纵移油缸；5—桅杆举升油缸；
6—摆动臂；7—大臂举升油缸；8—大臂；9—大臂旋转油缸

**6. 液压系统**

　　液压系统由液压泵、多路阀、先导控制阀、其他阀组、油缸、行走装置、管件和液压辅件等组成。发动机输出的动力，通过液压系统，转换为驱动各执行部件工作的动力，并对各执行部件的运动进行有效地控制。先导控制主回路使流量按需分配到动力头、进给机构、钻架调整机构及行走装置（图 2-11）。

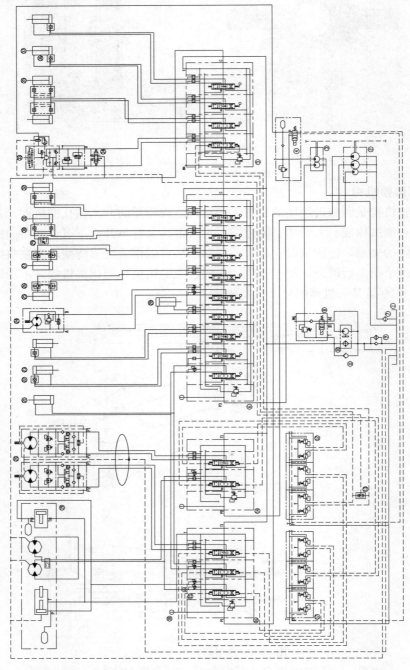

图 2-11　锚杆钻机液压系统原理图

1—油箱；2—主泵；3—控制泵；4—先导油源块；5—多路换向阀；6—多路换向阀；7—吸油过滤器；
8—油冷却器阀；9—回油过滤器；10—油冷却器；11—单向阀；12—先导控制阀；13—梭阀；14—多
路换向阀；15—单向阀；16—多路换向阀；17—先导控制阀；18—压力表；19—动力头；20—行走马达；
21—进给油缸；22—单向液压锁；23—夹紧油缸；24—绞车；25—大臂油缸；26—平衡阀；27—变幅油
缸；28—卸扣油缸；29—单向节流阀；30—双向液压锁；31—摆动油缸；32—移动油缸；33—回转马达；
34—电磁换向阀；35—履带调整油缸；36—单向液压锁；37—支腿油缸

　　锚杆钻机液压系统按照主要机构的功能，可以分为以下几个系统：动力头钻进液压系统、钻架调整液压系统、行走液压系统等。

　　（1）动力头钻进液压系统

　　如图 2-12 所示，动力头钻进液压系统其功能实现是液压泵通过吸油过滤器从油箱中吸出液压油，液压油通过多路换向阀进入动力头马达，使动力头工作。进油口装有溢流阀，可确保系统压力不超过限定压力，保证安全稳定的工作。液压油通过回油过滤器回到油箱。

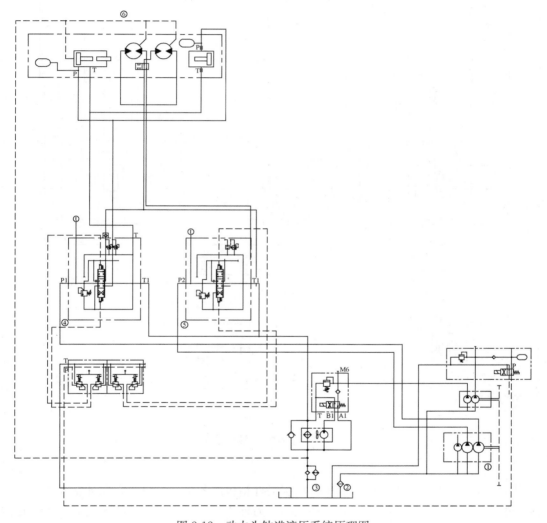

图 2-12　动力头钻进液压系统原理图

1—主泵；2—吸油过滤器；3—回油过滤器；4—多路换向阀；5—多路换向阀；6—动力头

　　动力头以德国克虏伯动力头为例，可旋转冲击，自带蓄能器，能够保证其工作压力稳定。该动力头功能齐全、可靠性高，能够适应多种工作环境。

　　（2）钻架调整液压系统

　　钻架调整液压系统主要由夹紧油缸、绞车、大臂油缸、变幅油缸、摆动油缸、移动油缸、调整履带油缸、支腿油缸、平衡阀、多路换向阀、主泵及管件组成，如图 2-13 所示。

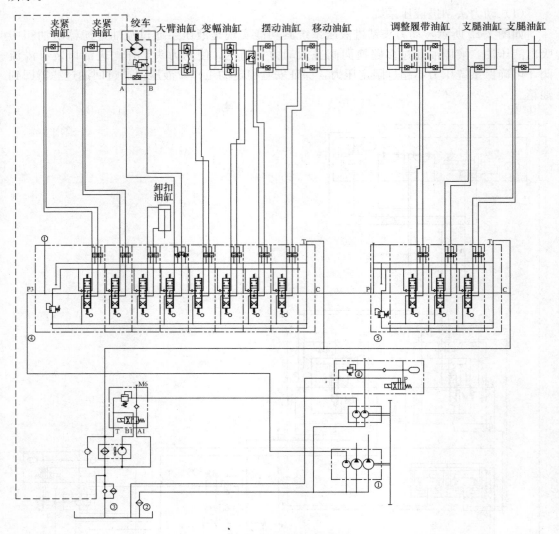

图 2-13 钻架调整液压系统

1—主泵；2—吸油过滤器；3—回油过滤器；4—多路换向阀；5—多路换向阀

钻架调整系统的作用是通过液压缸控制锚杆钻机的各个调整机构，保证钻孔位置及支护仰角大小，即可保证钻孔施工的半径范围。另外绞车通过液压马达提供动力，用于在需要时起吊钻具及拖拽锚索。

（3）行走液压系统

如图 2-14 所示，锚杆钻机行走液压系统采用左右履带行走油路，左右行走装置互不干扰，相互配合，完成履带行走。双向制动平衡阀使左右油路压力相同，发动机保持水平状态，这样可保证钻机在凸凹不平的地面及允许的坡道上方便行走。梭阀制动油缸构成全液压缓冲制动回路，用于停车制动。

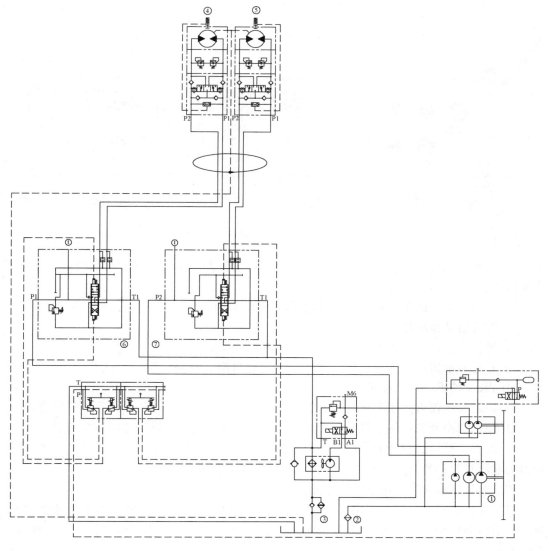

图 2-14　行走液压系统

1—主泵；2—吸油过滤器；3—回油过滤器；4—左行走马达；5—右行走马达；6—左换向阀；7—右换向阀

**7. 操纵系统**

以山河智能 SWMD97A 锚杆钻机为例，操纵系统主要包括移动操控台、主操控台和行走操控台。

（1）移动操控台

移动操控台分为上操控台和下操控台。

上操控台主要是电气系统，包括翘板开关组、按钮开关组、电动式仪表、彩色显示仪表、传感器及其他检测保护元件。布置符合人机工程学设计，操纵方便舒适。其中液压油油温显示、燃油液位显示采用电动式仪表，清晰直观，美观大方。如图 2-15 所示：

1）急停开关，用于机器发生危险需要关闭发动机时，按下急停开关，发动机熄火；

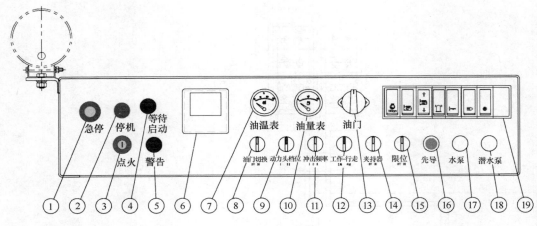

图 2-15　上操纵台

2）停机指示灯，用于发动机发生严重故障时的报警显示，当指示灯亮时，必须立即使发动机熄火，检查故障；

3）点火开关，用于整机供电和发动机的启动与停机；

4）等待启动指示灯，用于发动机预热时的提示显示；

5）警告指示灯，用于发动机发生一般故障时的报警显示；

6）彩色显示器，用于发动机数据采集，包含水温、发动机转速、机油压力、发动机工作时间及发动机燃油消耗量等；

7）油温显示仪表，用于液压油温度显示，判断液压系统是否处于正常工作状态；

8）油门切换开关，用于机器行走时，使用此开关，行走操纵台油门旋钮有效；

9）动力头档位选择开关，用于动力头减速机的档位选择操作，当开关转到"Ⅰ"时，动力头常速有效；当开关转到"Ⅱ"时，动力头高速有效；

10）油量显示仪表，用于燃油箱油位高低的显示；

11）冲击频率选择开关，用于动力头液压冲击锤的冲击频率选择，当开关转到"Ⅰ"时，冲击频率最小；当开关转到"0"时，冲击频率普通；当开关转到"Ⅱ"时，冲击频率最大；

12）行走与工作选择开关，用于行走动作与工作动作的选择。当开关转到"Ⅰ"时，机器行走操纵有效，其余工作动作操纵失效；当开关转到"Ⅱ"时，机器行走操纵失效，其余工作动作操纵有效；当开关转到"0"时，机器行走操纵与工作动作操纵均失效；

13）油门旋钮，用于发动机油门调节，从左至右转动油门旋钮，发动机从低怠速上升至高怠速；

14）夹持机构选择开关，使用此开关，夹持机构操纵有效；

15）限位开关，用于钻臂偏转限位，使用此开关偏转限位取消，钻臂偏转操纵仍然有效；

16）先导开关，使用此开关，先导操纵有效；

17）水泵开关，使用此开关，水泵操纵有效；

18）潜水泵开关，使用此开关，潜水泵操纵有效；

19）翘板开关组：

A. 发动机中速开关，用于发动机中速控制，使用此开关，发动机转速自动调节到1600rpm；关闭此开关，发动机转速回到油门旋钮设定的转速；

B. 发动机故障诊断开关，用于发动机故障代码的读取，使用此开关时发动机必须处于停机状态；

C. 发动机故障翻页开关，用于发动机同一时间发生多个故障，使用此开关可以一一查看发动机故障代码；

D. 警示灯开关，用于机器工作时，使用此开关，警示灯灯光闪烁和声音报警；

E. 喇叭开关，使用此开关，喇叭响；

F. 照明灯开关，使用此开关，打开照明灯；

G. 油温冷却开关，液压油油温超过50℃，使用此开关，油冷却器马达工作。

下操控台主要是液压系统，包括动力头、动力头推进、冲击器、水泵、夹持器等动作的控制。如图 2-16 所示：

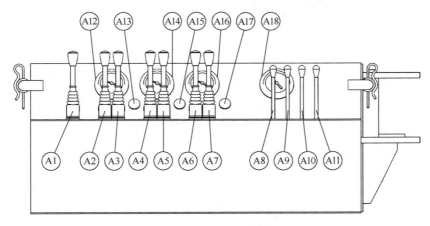

图 2-16 下操纵台

A1——泡沫泵/水泵操纵杆（特殊配置）；

A2——动力头高速操纵杆；

A3——动力头常速操纵杆；

A4——动力头高速移动操纵杆；

A5——动力头低速移动操纵杆；

A6——液压冲击锤操纵杆；

A7——卷扬机操纵杆（特殊配置）；

A8——上夹持器反扭操纵杆；

A9——上夹持器操纵杆；

A10——下夹持器操纵杆；

A11——动力头横移操纵杆；

A12——动力头回转扭矩压力表；

A13——动力头回转扭矩压力调节旋钮；

A14——推进压力表；

A15——推进压力调节旋钮；

A16——液压冲击锤压力表；

A17——液压冲击锤压力调节旋钮；

A18——夹持器压力表/P1泵压力表。

下操纵台构造如图2-17所示。

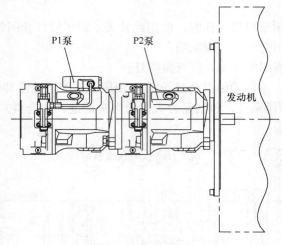

图 2-17　下操纵台构造

（2）主操控台

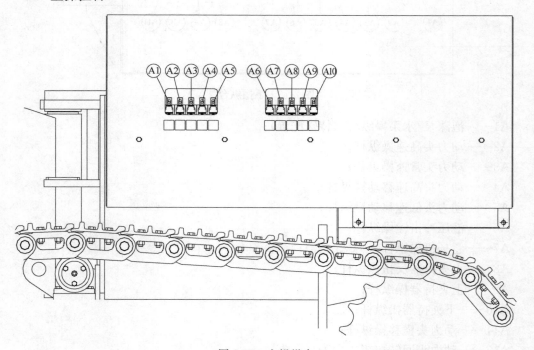

图 2-18　主操纵台

A1——钻臂举升油缸操纵杆；

A2——钻臂摆动油缸操纵杆；

A3——钻架旋转油缸操纵杆；

A4——钻架举升油缸操纵杆；

A5——钻架纵移油缸操纵杆；

A6——左前稳定支腿操纵杆；

A7——右前稳定支腿操纵杆；

A8——左后稳定支腿操纵杆；

A9——右后稳定支腿操纵杆；

A10——备用操纵杆。

（3）行走操控台

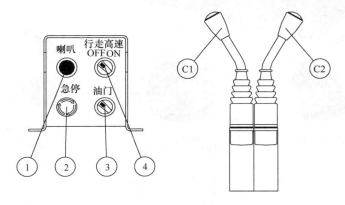

图 2-19　行走操纵台

1）喇叭按钮，使用此按钮，喇叭响；

2）急停开关，用于机器发生危险需要关闭发动机时，按下急停开关，发动机熄火；

3）行走高速选择开关，用于机器行走时的高速选择，如图 2-19 所示。

C1——左履带操纵杆；

C2——右履带操纵杆。

4）油门旋钮，用于发动机油门调节，从左至右转动油门旋钮，发动机从低怠速上升至高怠速。

**8. 履带底盘**

履带底盘承载钻机的总重量，实现前进、后退、转弯的功能。

履带行走机构由履带和驱动轮、引导轮、支重轮、托链轮以及张紧装置组成，俗称为"四轮一带"，如图 2-20 所示。

**9. 后平台**

后平台是钻架调整机构和操作台的安装座，是液压油箱、柴油箱、液压阀组、发动机系统的安装平台，也是司机驾驶钻机行走的位置。后平台可以通过回转支承与底盘连接，在回转机构的带动下，做 360°全回转。

某些机型的后平台是不可回转的。

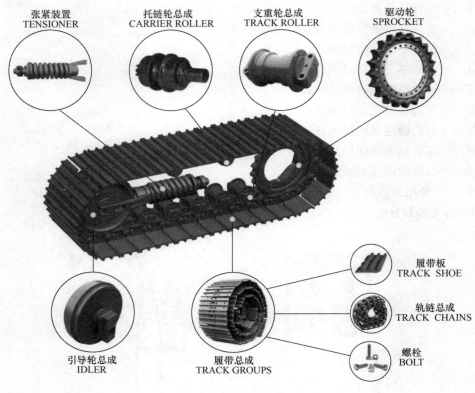

张紧装置 TENSIONER　托链轮总成 CARRIER ROLLER　支重轮总成 TRACK ROLLER　驱动轮 SPROCKET

引导轮总成 IDLER　履带总成 TRACK GROUPS

履带板 TRACK SHOE　轨链总成 TRACK CHAINS　螺栓 BOLT

图 2-20　四轮一带

**10. 发动机系统**

包括：发动机主体、进气系统、排气系统、冷却系统、支撑系统等；由于发动机自带有详细的说明书及维修保养手册。在此简单介绍一下锚杆钻机动力部分的特点。

（1）发动机

锚杆钻机一般采用工程机械专用柴油机，多数柴油机还采用了废气涡轮增压技术，以适应施工中的恶劣工况，在高负荷低转速下可较大幅度地提高输出转矩。通常在传动系统中装设液力变矩器，它与发动机共同工作，使发动机的负荷比较平稳。在环境问题日益严峻的情况下，各国逐渐提高工程机械的排放标准。欧盟非道路Ⅲ阶段排放标准在 2006～2013 年间分阶段实施，Ⅳ阶段标准自 2014 年开始强制实施。香港地区规定自 2015 年 12 月 1 日起，所有现存和新售的非道路移动机械必须满足欧ⅢA排放标准。我国非道路移动机械排放标准虽然还处于国Ⅱ标准（相当于欧Ⅱ标准），但北京市地方标准已于 2013 年 7 月 1 日起实施"京Ⅲ"阶段（相当于欧ⅢA阶段），而国家标准规定 2016 年 4 月起所有生产、进口和销售的非道路移动机械应搭载符合"国Ⅲ"（相当于欧Ⅲ）标准的柴油机。

（2）燃油系统

燃油系统是发动机性能能否实现的关键一环，发动机燃油系统应该供给适当的燃油燃料，燃油应当清洁，不包含石蜡固体，不含水或其他腐蚀性液体，不含大量的空气。发动机燃油系统主要包括：燃油箱、油管、油水分离器和燃油精滤器。

①燃油箱

钻机燃油箱容量一般可供一个台班以上的操作，油箱经过电泳处理后涂耐油防锈漆，侧面设计有清洗口，每隔一段时间后应将油箱清洗干净，油箱底设计有放油螺栓，可放掉沉积的水和累积的污垢；进、回油口距离油箱底面必须在 25mm 以上，两油口距离要在 305mm 以上；加油口装有滤网，能将粗的渣滓过滤掉。

②油管

发动机燃油油路的进、回油管采用自扣的耐油耐压胶管，由于道依茨发动机采用单体泵，进、回油量大，因此进油管管径要大于 12mm，回油管管径要大于 10mm，当油管长度大于 3m 时，管径需要更大。康明斯发动机为直列泵或转子泵，进、回油量比道依茨的小，也可采用管径与道依茨相同的自扣胶管，能承受一定的真空且不会损坏和吸扁。

③油水分离器和燃油滤清器

因发动机燃油中不同程度地含有水分和杂质，为了防止水分和杂质进入发动机燃油系统，引起发动机喷油泵与输油器早期磨损，致使发动机冒黑烟、掉速等故障，燃油油路中安装有油水分离器和燃油滤清器。

当燃油通过油水分离器和燃油精滤器时，会遇到一定的阻力，则要求油水分离器和燃油精滤器应满足柴油机油路压力的限值。当油路系统阻力超过发动机限值时，发动机会出现功率不足的问题，因此，必须每天都要放掉油水分离器中的水，按期更换燃油滤芯。

（3）进气系统

进气系统的作用是为发动机提供清洁、干燥、温度适宜的空气进行燃烧以最大限度地降低发动机磨损并保持发动机性能，在用户能接受的合理保养间隔内有效地过滤灰尘并保持进气阻力在规定的限值内。

灰尘是内燃发动机部件磨损的基本原因，而大多数灰尘是经过进气系统进入发动机的；水会损坏、阻塞空气滤清器滤芯，并且可以使发动机和进气系统发生腐蚀。

如果通过进气系统进入发动机的空气密度下降，这将产生排烟增加、功率下降、向冷却系统散热量增加、发动机温度升高等一系列问题。

对柴油机来说，理想的进气温度是 16～33℃。

进气温度过低会导致柴油无法被压燃，点火滞后，燃烧不正常，又可引起冒黑烟、爆震、运转不稳（特别是怠速时）和柴油稀释机油等问题。进气温度每降低 33℃，燃烧温度降低 89℃。

当进气温度超过 38℃后，每升高 11℃，发动机功率下降 2%，进气温度超过 40℃后，每升高 11℃，发动机向冷却水的散热量增加约 3%。

发动机进气系统简单有效，所有空滤器都是两级干式滤清器，滤清效率都达到99.9%，在第一级中，滤清器将大的灰尘离心分离掉，收集在一个橡胶灰尘容纳器中，每隔一定时间用户应将其从系统中排掉。在第二级中，空滤器有一个纸质滤芯，从进气中过滤掉其余的灰尘。滤清器具有足够的容灰度以提供合理的滤芯更换周期，滤芯因灰尘而堵塞时，进气阻力会增加，进入发动机的空气量将减小，影响发动机功率的发挥，因此空滤器滤芯应按发动机要求定期清理或更换。

（4）排气系统

排气系统应保证发动机最佳性能的同时将废气安全地运离发动机并安静地排入大气中。

钻机排气系统必须消减发动机产生的排气噪声以满足法规和用户对噪声的要求，由于发动机排出的废气对人体有害，必须将他们排到远离驾驶室进气口的地方，必须使排气远离发动机进气口和冷却系统以降低发动机工作温度并保证其性能。

排气系统的设计必须能承受系统的热胀冷缩，必须允许发动机的振动和移动，因此使用柔性波纹管，消声器利用支架固定在发动机上，管路很短，减小了排气系统压力，增压器的内应力，排气阻力小，使排气系统的可靠性大大提高。

排气系统的常见故障有：排气阻力大，原因是消声器自身阻力大、管径小、弯头多，使发动机功率下降，油耗增加，排气温度上升，排气部件故障增加；缺少柔性段或柔性不足，使波纹管易损坏；过定位支撑；排气噪声大。

（5）散热系统

发动机散热系统的正确设计和安装，对于获得满意的发动机寿命和性能是极其重要的。

钻机散热系统是由水散热器、液压油散热器、空调冷凝器、中冷器（对中冷增压发动机）组合而成。

根据发动机的发热功率、进气量、增压器的出口温度和对进气温度的要求以及液压系统的发热功率，综合选取散热器的功率，并根据发动机舱的空间尺寸确定散热器的尺寸。散热器的冷却方式有"吸风式"和"吹风式"两种，"吸风式"气流由外界流向发动机，"吹风式"则相反。"吸风式"风阻小、没有热回流、冷却效率高，在风扇的布置和安装方式满足散热要求的前提下，大部分钻机选择"吸风式"。

水散热器为管带式和管片式两种结构；设计有全封闭上水室除气系统，结构紧凑，上水室和下面的散热器之间由隔板完全隔开，仅通过立管连通。上水室顶部有与发动机相连的通气管，底部有与水泵相连的注水管。上水室加水口向下延伸，以提供膨胀空间。加水口靠上位置有一小孔，供排气用；使用压力水盖，加水时，防冻液经上水室流到注水管，然后从水箱底部进入水箱，从水泵入水口进入发动机。水箱和发动机中的空气分别通过上水室立管和发动机通气管排到上水室。在发动机运转过程中，由于循环水并不经过上水室，所以不会将上水室中的空气带入冷却水中，同时通过立管和发动机通气管，不断将冷却系统中的空气除去，这样，发动机启动后，能迅速除去散热系统中的空气，减小空气对发动机水套、水箱的腐蚀，提高发动机和水箱的寿命。又由于除气系统能保证散热系统中无空气，提高冷却液的热交换能力，因此提高了冷系统的散热能力。

钻机中冷器是用空气作热交换介质，通过空气中冷器把增压以后的高温进气冷却到足够低的温度，以满足排放法规的要求，同时提高发动机的动力性和经济性。空中冷气同时又属于发动机进气系统，因此除满足散热要求外，清洁和足够的空气对发动机性能至关重要。所以中冷系统的密封可靠非常关键，管路系统应简洁，尽量减小方向的改变。一般采用不锈钢管和硅胶管，极大地增加了管路的可靠性。由于中冷器中的空气是高温高压空气，如果系统漏气有啸叫声，将使发动机功率下降。如中冷器使用时间过长，表面不干净使冷却风流通不畅，中冷器散热能力不够也将使发动机的功率下降。

（6）支撑系统

悬置支撑系统的作用是对发动机整机进行固定支撑，设计时要注意：

①固定要牢固可靠；

②由于发动机运行过程中产生一定频率的振动，因此要保证良好的减振性能。

钻机设有发动机舱，发动机主机、配套件以及连接在发动机飞轮壳上的液压泵都安装在发动机舱内。因此要考虑所有部件的尺寸，将它们安置在适中的位置，并留有足够的安装维修空间。由于要保证减振的要求，因此根据发动机的整机重量、重心位置和各支点的承载力为每个支点选择相应参数的减振软垫，并由发动机厂家提供。当减振垫破损或支撑板与机架干涉时，主机振动加大或产生共振，导致操作人员不适或损坏主机。因此要及时排除。

**11. 电气系统**

电气系统采用 24V 直流电，实现以下控制：

①发动机的启动、停车；

②作业中的紧急停机；

③回转平台的回转限位；

④动力头旋转机构马达的串、并联切换及冲击频率调节；

⑤倒车发讯；

⑥喇叭；

⑦绞车的移动。

**12. 给水系统**

给水系统由水泵、阀门、排渣头总成及水管路组成。排渣头总成连接动力头输出轴和钻具，不仅传递动力，还是排渣水流的进出通道。此部件为选配件。

## 二、工作原理

锚杆钻机的工作原理是，在工地上行驶到位后，通过钻架调整机构中各个油缸的伸缩，将进给梁摆到特定的位置和角度，使动力头输出轴和即将要钻的孔同轴，再通过操作液压手柄，使动力头带动钻具进行旋转、冲击、进给的动作。在此过程中需要加接钻杆，操作方法是：用固定夹具和可卸扣夹具分别夹紧相邻的钻杆，卸扣夹具反转，将两夹具之间的螺纹连接松开，卸扣夹具松开钻杆，动力头反转，彻底旋开钻杆之间的螺纹连接，使相邻钻杆分离，然后动力头回退，留出一根钻杆的空间，接入钻杆，两端对齐，动力头正转拧紧两端的螺纹，如此完成一根钻杆的加接过程。在作业过程中，如有需要，可用绞车吊取钻具、牵拉锚索。图 2-21 是北京建研 JD110 型钻机动作范围示意图。

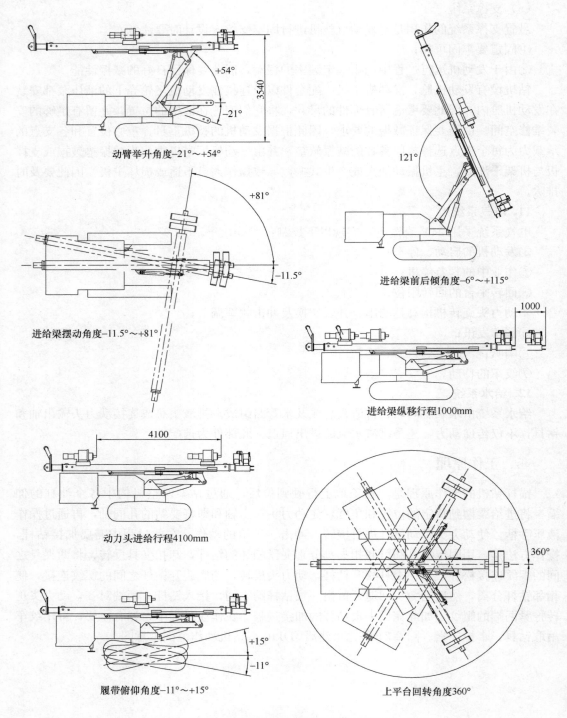

动臂举升角度-21°~+54°

进给梁前后倾角度-6°~+115°

进给梁摆动角度-11.5°~+81°

进给梁纵移行程1000mm

动力头进给行程4100mm

履带俯仰角度-11°~+15°

上平台回转角度360°

图 2-21　北京建研 JD110 型钻机动作范围示意图

# 第三章　工　法　与　标　准

## 第一节　典型施工工法的机理

锚杆钻机的多功能施工工法主要有回转钻进工法，液动冲击回转套管跟进工法，气动潜孔锤钻进工法，干式螺旋钻进工法和旋喷施工等。

### 一、回转钻进工法

回转钻进工法就是通过回转机构（动力头）带动钻具旋转，钻具端部安装的钻头切削土壤钻进，使用湿式排渣，采用高压水泵将冲洗介质（水、钻井冲洗液）以一定的流量和压力注入钻具，以正循环的工艺将孔内渣土排出，进而成孔。

一般回转钻进工法可分为套管跟进回转钻进、单套管回转钻进和单内杆回转钻进。

**1. 套管跟进回转钻进**

（1）工法原理

套管跟进回转钻进，适合于松软的砂土层、土层及砾石层。套管跟进系统中主要包含套管及钻头、内钻杆及钻头、内外排渣头、注水芯轴及水套组成。套管在松软易塌孔的地层中起到护壁的作用，内钻杆和套管同向旋转，冲刷介质从水套处注入，经过内排渣头进入内杆，一直通到孔底，在水压的作用下再由孔底反涌，从套管和内钻杆的间隙往上流动，最终从外排渣头的出水孔排出，其原理如图 3-1 所示。

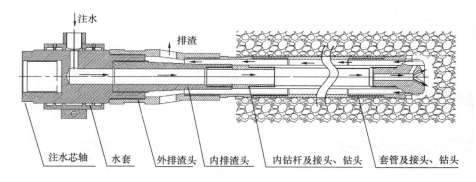

图 3-1　套管跟进原理图（箭头方向代表冲洗介质的流向）

（2）钻进参数

影响套管跟进回转钻进效果的主要因素有钻具转速、冲洗介质（水压、流量）、钻压。在已确定地质技术条件和钻进工法的时候，这些钻进参数如何选择搭配直接影响到钻进效率和成本。

1）钻压对钻进速度的影响

实际钻压＝进给力（钻具质量＋正或负的机械施加力）－冲洗液浮力－孔内摩擦力。常用的钻压表示方法有两种：

钻压 $P$——整个钻头上的轴向载荷，受钻头类型、口径和切削具数量影响；

钻头唇面比压 $p$——切削具与岩石接触单位面积上的轴向载荷，涵盖了钻头口径和类型的影响。

① 钻压在很大的变化范围内与钻速近似线性关系；

② 钻压太低，钻速很慢；

③ 钻压过大，进尺速度过快，会造成孔内渣土堆积，排渣效果不佳，钻进效率降低。

2）转速对钻进速度的影响

① 钻软、塑性大、研磨性小的岩层时（曲线Ⅰ），钻速与转速基本呈线性关系；

② 钻中硬、研磨性较小的岩层时（曲线Ⅱ），钻速与转速开始成直线关系，但随着转速的继续增大而逐渐变缓，转速愈高，钻进速度愈慢；

③ 钻中硬、研磨性强的岩层，开始类似于曲线Ⅱ，但随着转速超过某极限转速后，钻进速度还有下降趋势。

3）冲洗介质对钻进速度的影响

① 软土层中钻进，在一定的转速、钻压情况下，不同的冲洗介质压力和流量，实现的钻进速度不同。在一定的流量和压力范围内，流量越大，压力越大，排渣效率越高，钻进速度越高；但如果流量和压力过大，会造成钻孔底部冲洗过度，可能会造成串孔、冲洗液流失等问题；

② 在硬岩地层中时，开始类似于软土层施工，在压力和流程超过某限值后，会增加钻头端部水阻力和钻杆水浮力，对钻进速度造成不利影响。

**2. 单套管回转钻进**

单套管回转钻进，顾名思义，就是只使用套管钻进。冲洗介质通过水套注入后，水直接从套管进入孔底洗孔，之后从套管和孔壁间隙排出，采用此工法必须将排渣头处的出水口封堵上。其工作原理如图 3-2 所示。

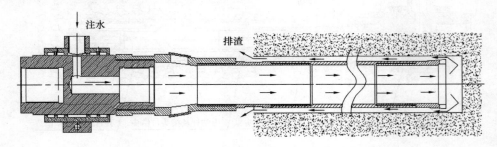

图 3-2 单套管回转钻进原理图（箭头方向代表冲洗介质的流向）

单套管回转钻进适合于具有一定黏性的软土层，不易塌孔，使用该工法钻进效率极高，因为只使用了一层杆，可大大降低工人拆换钻杆时间和劳动强度。

使用的钻具型号和参数选择可参考套管跟进工法。

**3. 单内杆回转钻进**

单内杆回转钻进，只使用内钻杆进尺，冲洗介质的循环方式和适合地层类似于单套管回转钻进，两种工法可替换选择。使用单内杆施工时，一般采用三翼刮刀式钻头（图3-3）。在土层中，刮刀式钻头旋切面大，可有效提高钻进效率。

图 3-3　三翼钻头

## 二、液动冲击回转套管跟进工法

冲击回转钻进是回转和冲击联合破岩的一种钻进方法。冲击回转钻进方法主要是把冲击脉冲载荷传给普通回转钻进的硬质合金钻头或金刚石钻头，由不断移动的轴向载荷和其他载荷综合作用，进行切削、研磨或压碎岩石，同时在有节奏的动载荷作用下，使岩石破碎，并在岩石内部形成附加的疲劳应力。而在岩土锚固工程中，遇到的大都是破碎岩石、砂卵石层，所以冲击回转钻进方法是最优选择之一。

**1. 冲击回转钻进的力学模型与破岩原理**

冲击回转钻进是回转和冲击联合破碎岩石，互相补充发挥优势。

切削刀具同时受到回转力、轴向静压力和冲击力的作用，以冲击剪切和回转切削两种方式破碎岩石。

**2. 冲击钻进时冲击应力波的产生与传递**

建立应力波的传递模型，如图 3-4 所示，把所研究的物体看成是由许多微小有质量的刚性小球和没有质量的弹簧连接起来。当右边第一个小球受到冲击力的作用，压缩与其连接的弹簧，而当弹簧被压缩时，又推动下一个小球运动，这样一直传递下

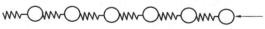

图 3-4　冲击波的传递模式

去。小球的惯性和弹簧的弹性既处在一个统一体中，又相互转化构成物体中受力和速度的转移，这就是应力波的传递。

应力波具有以下几个特性：

（1）波能在钻杆中传递，并且具有一定的速度；

（2）具有迭加性。当顺波和逆波相遇后就会发生迭加；

（3）波在介质密度、弹性模量或截面积有显著变化的界面，要发生反射和透射，形成入射波、反射波和透射波三部分，这是波的反射和透射能力；

（4）具有衰减性。波在钻杆中传播时会发生衰减，尤其是通过钻杆接头的地方衰减幅度更大。

通过以上分析可知，应力波的产生和传播特性与冲击器的特点及钻杆接头螺纹连接方式都有很大关系，这对选择冲击器和钻具有重大意义。不同的冲锤形状和冲击接触面将产生不同的入射应力波。通常细长构件的冲锤会形成缓和的波形，短粗构件的冲锤会形成陡急的波形。不同入射波的波形，其碎岩效率也不同。

此外，冲击作用时间与岩石的性质有关，岩石硬则波峰较高，岩石软则波峰较低。

**3. 冲击回转钻进时的岩土力学性质分析**

冲击回转钻进以及其他各种形式的机械钻进方式，其岩石破碎的过程都是一样的，即利用钻具凿入岩层，将岩块分离成岩石小颗粒。下面对岩石在冲击回转下外力作用下的岩石力学性质进行分析。

（1）岩石的硬度

岩石的硬度反映岩石抵抗外部更硬物体压入其表面的能力。

硬度指标更接近于钻进过程的实际情况。因为回转钻进中，岩石破碎工具在岩石表面移动时，是在局部侵入的同时使岩石发生剪切破碎。所以说，硬度对钻进过程而言是一个主要力学性能参数。

影响岩石硬度的因素可分为以下几类：

① 岩石中石英及其他坚硬矿物或碎屑含量越多，胶结物的硬度越大，岩石的颗粒越细，结构越致密，则岩石的硬度越大；

② 岩石的硬度具有明显的各向异性。岩石硬度的各向异性可以很好地解释钻孔弯曲的原因和规律，并可利用这一现象实施定向钻进。

（2）岩石的强度

岩石的强度是指在一定条件下和一定范围内能够承受某种外力作用而不破坏的性质，即岩石抵抗破坏的能力。对同一种岩石来说，强度也有可能不一样，与其存在的位置、环境及本身的结构有关。岩石抗压强度最大，抗剪、抗弯和抗拉强度依次减小。但这些强度的变化并没有固定的规律，仅是一种趋势。

冲击对岩石强度的影响主要表现在两个方面：

① 外载作用速度的增加使岩石的应变速率增大；

② 加载速度对塑性岩石强度的影响大于对脆性岩石强度的影响。

另一方面，岩石强度与外力作用的速度有关。因此，冲击对塑性岩石强度的影响要比对脆性岩石强度的影响小。锚杆钻机采用冲击回转破岩钻孔时，其施加于岩石的主要载荷是回转切削载荷和冲击作用下的动荷载，岩石的强度主要表现为静载荷和动荷载下的复合特征。

# 三、气动潜孔锤钻进工法

气动潜孔锤钻进工艺的诞生及发展是世界钻探技术的一次重大革命，它改变了传统的切削和研磨碎岩方式，使岩石成体积破碎，大大提高了钻进效率和对坚硬及复杂地层的适应性，其显著的技术经济效益被视为现代钻探技术与衡量钻探技术的标志之一，受到国内外钻探行业的重视。气动潜孔锤钻进主要始于钻凿爆破孔，水井基岩孔和地质勘探孔，国内外研究者为了拓展其应用范围，如潜孔锤结构形式、工作性能，使其适应多种工程应用的要求。

随着对潜孔锤破碎岩石机理、各类潜孔锤基础理论研究、内部动力过程研究以及结构设计、加工制造水平提高，部件材料改进以及与其他多种工艺方法相结合，形成了潜孔锤多工艺钻进技术，大大拓宽了它的应用领域。目前潜孔锤钻进技术已广泛应用于锚固工程，逐步成为一种常规钻进方法。

气动潜孔锤在岩石和复杂层中的使用优势：

（1）排渣风速高，孔底干净，无二次破碎；由于无液柱压力，在无地下水的情况下，改善了孔底破碎条件；

（2）该钻进方法是以高频对孔底冲击，减少了对岩石或倾斜地层产生孔斜的影响，从而可提高钻孔的垂直度，同时，也可减少孔壁岩石坍塌；

（3）比起回转钻进，潜孔锤钻进所需的钻压和扭矩要小得多。这样可减轻钻机设备的质量和能力，为大口径硬岩钻进、边坡抗滑加固锚杆孔钻进创造了有利的使用条件。

**1. 空气潜孔锤概述**

空气潜孔锤是以压缩空气为动力的一种气动冲击工具。它所产生的冲击能和冲击频率可以直接传给钻头，然后再通过钻机和钻杆的回转驱动，形成对岩石的脉动破碎能力，同时利用冲击器排出的压缩空气，对钻头进行冷却和将破碎后的岩石颗粒排出孔外，从而实现了孔底冲击回转钻进的目的。

（1）潜孔冲击器的类型

1）按冲击器的配气方式和结构特点，可以分为有阀和无阀两种类型：

① 有阀式冲击器。这类冲击器是由配气结构的阀片控制的。按排气方式可分为旁侧排气和中心排气两种。旁侧排气冲击器使用最早，因其汽缸内的气体由钻头两侧排出，故称旁侧冲击器。中心排气冲击器是使汽缸内的气体经钻头的中心孔排出。这种冲击器的排气效果好，钻头使用寿命长，钻进效率高，较旁侧冲击器更适用于潜孔钻进的条件和要求。目前，用于岩土钻掘的冲击器多为中心排气冲击器。

② 无阀式冲击器。这种冲击器控制活塞往复运动的配气系统布置在汽缸壁上，当活塞运动时自动配气。由于这类冲击器不用阀片配气，所以称为无阀式冲击器。这类冲击器的工作压力比有阀式要低，在相同工作压力下产生的冲击能要大一些。

2）按冲击器的额定工作压力，可以分为低风压冲击器和中高风压冲击器。额定工作压力在（0.5～0.7）MPa 范围的为低风压冲击器；工作压力在（0.7～1.2）MPa 范围的为中风压冲击器；工作压力在 1.2MPa 以上的为高风压冲击器。

3）按冲击的钻进口径可分为小口径冲击器和大口径冲击器。孔口径在 200mm 以下的冲击器为小口径冲击器，孔口径大于 200mm 的冲击器为大口径冲击器。

（2）潜孔锤钻进工作原理

通过不断改变进排气方向，就可实现活塞在气缸内的不断往复运动，从而也能不断反复冲击钻头，这就是气动冲击器工作的最简单的原理和过程。造成控制反复改变进排压缩空气方向的机构叫配气机构，配气机构是冲击器的核心部分，当压缩空气进入前气室时推动活塞上行，当压缩空气进入后气室时推动活塞下行。活塞是冲击器的一个能量转换装置，它依靠活塞运动将压缩空气的能量转换为冲击的机械能，一般是以冲击动能表示，冲击能的大小决定于活塞的重量及运动速度。

**2. 空气潜孔锤施工技术参数**

空气潜孔锤钻进技术不同于普通的切削与研磨原理。它是将压缩机产生的压缩空气的能量通过空气潜孔锤这个能量转换装置，对需要破碎的岩石产生高频的冲击能量，当这个能量（冲击能）达到岩石的临界破碎功时，便产生体积破碎，同时工作后的气体在一定的风速条件下将岩石颗粒排出孔外以实现钻进的目的。潜孔钻钻进的操作技术虽然简单，但是没有科学和熟练的操作，不可能取得理想的钻进效果，有时还可能发生麻烦。因此，合理的选用钻进技术参数如钻压、风压、风量和转速是取得理想钻进效果的基本条件。

（1）钻压

空气潜孔锤钻进的基本工作过程，是在静压力（钻压）、冲击力和回转力三种力作用下破碎岩石的。其钻压的主要作用是为保证钻头齿能与岩石紧密接触，克服冲击器及钻具的反弹力，以便有效地传递来自冲击器的冲击能。钻压过小，难以克服冲击器工作时的背压和反弹力，直接影响冲击能的有效传递，钻压过大，将会增大回转阻力和使钻头早期磨损。

对于潜孔锤全面钻进，一般认为单位直径的压力值在 $30\sim90\mathrm{kg/cm^2}$，而对于潜孔锤取心钻进，压力推荐值可查资料较少。钻压的合理选择应考虑到钻进方式（裸孔或偏心跟管、全面钻进或取心钻进），设备性能、钻具匹配（钻具钻量），以及所选用的冲击器的性能（如低风压还是中高压，因工作压力的不同而背压不同）进行综合考虑，既要达到最佳的钻进效果，还要最大限度地减少钻具及钻头的磨损。

（2）转速

转速的高低主要和冲击器的冲击频率，规格大小以及钻岩的物理机械性质有关。一般转速选用每分钟 20 转左右为好，转速过高会造成钻头的严重磨损和钻进效率的降低。由于气动潜孔锤钻进是以冲击碎岩的，为改变钻头合金的冲击破岩位置，避免重复破碎，因此，合理的转速应保证在最优的冲击间隔范围之内。

空气锤钻进时，回转的唯一目的是使钻头上的球齿在每经过一次冲击后落在新的岩层位置上。在钻头外缘上的球齿对回转特别的敏感，假使回转速度过慢，钻头上的球齿将打入先前冲击过的坑穴中，从而引起钻头的不稳定，使回转受阻，并使钻进效率下降；如果回转速度过快，钻速并不会增加，而钻头的球齿由于较大的摩擦将会引起过早地磨损。因此应选择最佳的钻头回转速度，以获得有效的钻进速度和经济的钻头寿命。

钻头球齿如磨损后，钻头齿与岩石的接触面积将逐渐增大，而空气锤的单次冲击能是一定的，那么作用在单位接触面积上的冲击将逐渐减少，因此钻进效率也要逐渐下降。当转速下降20%左右时，应考虑钻头的修磨，此时修磨经济效益最佳。经过修磨的钻头，恢复了齿的形状，因而可以保持原有的钻进能力。

（3）风量

空气锤钻进时，送入的压缩空气有两个作用，一是提供空气锤活塞运动的能量，二是携带岩屑、冷却钻头等。因此，供风量的多少，一方面是根据所用的空气锤性能所需耗风量的大小，另一方面是要保证钻杆环状空间的上返风速。

（4）风压

潜孔冲击器的冲击频率和冲击能都与空气压力有关，空气压力是决定冲击能的重要因素，因而也是影响机械钻速的主要参数。国内外大量资料证明，机械钻速的提高和空气压力的提高成正比关系。空气压力除满足潜孔锤工作压力外，还应克服管道压力损失，孔内压力降、潜孔锤压降外，尚须在有水情况下克服水柱压力，才能正常工作。

在无水条件下，钻时深度增加，空压压力越大，钻进深度越大。

总之，钻进技术参数的选择应考虑到岩石的机械特性，冲击器的性能，钻孔深度，孔内水柱压力，钻孔口径等诸多因素，在取得最佳钻速的同时，避免更多的动力及成本消耗。

**3. 钻头**

岩石在集中负荷作用下，造成了不均匀的应力区而被破碎，由于产生应力大小不同，岩石的碎裂形态也不同。

球齿钻头（图 3-5）与片齿钻头（图 3-6）在钻进中具有不同的性能，其主要原因由于硬质合金的固定方式、型式、数量和分布位置不同。钻头的结构不同，影响到它们的各个方面，包括钻头破碎岩石的原理、钻头的磨损或耐磨损能力、钻进偏斜度、钻进速度与稳定性、修磨间隔和使用寿命等。

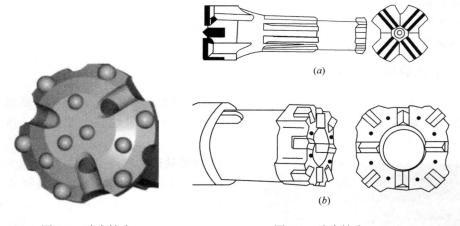

图 3-5　球齿钻头　　　　　　　　图 3-6　片齿钻头

（1）破碎原理

由于球齿钻头周围有较多的硬质合金，因此它能有效地破碎岩石，只需要较低的转速和较少的冲击频率；片齿钻头需要附加冲击次数，以使钻头外围得到相等的破碎效果，使得岩屑形成二次破碎，相对消耗能量较多，容易造成钻头磨损。球齿钻头每次冲击的进尺量少，这是由于球齿数量多和相对较钝所致。对冲击下来的岩屑进行对比，球齿钻头冲击下来的岩屑较粗，片齿钻头冲击下来的岩屑较细。

（2）耐磨损能力

由于片齿钻头本身有较大的硬质合金片，合金面积较大，所以，它能更好地抵抗钻头周边的磨损，不易改变其外形尺寸。就球齿钻头和片齿钻头上面的两种硬质合金本身来比较，由于钻头上的固定型式不同，球齿钻头采用机械冷压式镶嵌，而片齿钻头为焊接固定，所以球齿钻头的硬质合金耐磨损能力要好于片齿钻头。

（3）钻进速度与稳定性

根据岩石性质的不同，球齿钻头的钻进速度要比片齿钻头高 10%～20%，这是因为它们的结构不同，球齿钻头更能有效破碎岩石及周围岩层的缘故。相反，片齿钻头的钻孔倾斜度小，原因是钻头与岩石间的冲击接触面积小，每次冲击进尺大。就稳定性来说，球齿稳定性好，能减少钻机的振动和损耗。

（4）修磨时间和使用寿命

球齿钻头两次修磨间隔时间长，每一次修磨后，可以连续进尺，总深度较大，施工中需要的钻头数量少，减少了更换钻头的频率和时间，但如果球齿钻头过度磨损，球齿要比片齿更容易断裂。为了取得较高的使用寿命，钻头齿应在过钝前修磨，过钝的钻头会降低钻进速度，增加钻头球齿碎裂的危险。

**4. 空压机**

空压机（空气压缩机），是提供气源动力的主体，主要给空气锤提供一定的风量和压力。在岩石锚固钻孔过程中，进行风动潜孔锤空气钻进工艺所需的空气压缩机能力（风量、风压）要能满足最低清孔、排渣的需要，即上返风速应≥10m/s。在施工现场，由于受输气管线路距离长短、管线接头连接尺寸以及钻孔中地层裂隙的漏失等因素影响，在理论计算值的基础上应留有余地。当已有空气压缩机的能力不能满足时，则应从钻具配套方面如钻杆加粗、漏失地层配套跟管钻具等方面加以克服。有经济条件的单位应尽量采购风量、风压能力较大的空压机。

## 四、干式螺旋钻进工法

螺旋钻进是一种干式回转钻进方法，钻进是用螺旋钻杆（图 3-7）连续不断地将渣土通过螺旋叶片输送至地面，主要适用于土层、湿陷性黄土等地层，可获得极高的施工效率。

图 3-7　螺旋钻杆

**1. 螺旋钻进的特点**

（1）钻进效率高。在无砾石及硬夹层的松软地层中钻进，小时效率可达几十米，这是因为螺旋钻杆能及时排出（输送）所钻的渣土，无其他辅助工作；

（2）低公害（无泥浆污染），低噪声（无振动），低成本（效率高），简化了钻进设备和工艺；

（3）不使用冲洗液，免去了配制冲洗液和输送冲洗液的辅助工作，简化了钻进设备和工艺，适应于缺水、高寒地区和漏失地层中的钻进；

（4）孔壁稳定。螺旋钻杆回转输送岩粉的同时，也向孔壁挤压岩粉，可在孔壁上形成一层较致密的硬皮，岩粉中的小砾石也可楔入孔壁，有加固孔壁的作用。因此，虽然不用冲洗液，孔壁仍较稳定；

（5）可以随时取样，及时掌握地层变化情况；

（6）一般只能钻进松软岩层。在黏土层中钻进困难。钻进所需功率大（主要消耗在输送岩粉上），因而孔深受到限制。

**2. 螺旋钻进的钻进参数**

（1）轴向压力（钻压）

钻进轴向压力：包括给进力、钻具自重、输送岩粉重量以及岩粉与孔壁摩擦力的垂直合力。轴向压力的最大值应根据岩土性质、孔深、转速、动力机功率等因素综合考虑，比较复杂。压力过小，钻头的切削量小不能切入土层，钻进的效率就低，另外还会使钻具回转时产生振动，影响钻进；压力过大，切削进入岩土层深度过厚，导致回转阻力过大，钻屑的形成速度超过向外输送速度，破坏原来的切屑和输土平衡，造成挤密堵塞。

（2）转速

转速是螺旋钻进的主要工艺参数。在螺旋钻进时，转速有双重作用：一方面直接影响钻头破碎岩土的效率；另一方面也影响输送岩粉的效率。在螺旋钻进中，钻屑是依靠钻杆旋转时的离心力甩到螺旋叶片外侧输送上来（主动），否则只有被随后的钻屑推着向上走（被动），这容易造成堵塞。

当转速低，钻屑的离心力较小，孔壁对钻屑的摩擦力不足以使钻屑与叶片之间产生相对运动，钻屑只能随叶片旋转而不上升。

当转速增大，孔壁对钻屑的摩擦力也增大，转速超过某一临界值后，孔壁对钻屑的摩擦力足以使钻屑与螺旋叶片之间产生相对运动，钻屑就会上升。这称为临界转速。

（3）螺旋角

叶片的螺旋面可看成是垂直于芯轴的一段直线绕芯轴匀速旋转，并同时沿轴向匀速上升两种运动的合成。

螺旋角设计主要是指叶片内径（内杆直径）螺旋角的设计，因为螺旋钻杆加工成形过程中，螺旋叶片是根据芯管直径绕制出来的，所以在设计时，只需确定叶片内径的螺旋升角即可。螺旋叶片的螺距需根据钻杆的有效长度来确定，同时兼顾叶片的螺旋升角的要求，当只有螺旋叶片升角和螺距匹配较好时，螺旋钻杆的排渣效率才会更高，即当钻杆转速一定时，同一时间内钻杆的排渣量最多。

螺旋面上不同半径螺旋线的倾角是不同的，半径越大，螺旋角越小，靠近中心管处，螺旋角最大。靠近芯管附件的区域，输送岩土困难，只有靠钻杆旋转时产生的偏心力将其甩向螺旋叶片的边缘才能输送至地面；否则，要靠后面切削下来的岩土相继地挤压推举才能实现向上移动，这样会很容易发生挤压密实而造成岩屑堵塞钻杆，妨碍正常的钻进。这一问题在确定斜孔钻进的临界转速时要充分考虑。

（4）螺距

根据国内外资料显示，螺距 $S$ 视地层情况和螺旋钻杆外径 $D$（成孔直径）有以下关系，这对于非垂直孔用的螺旋钻进有借鉴作用：

泥岩：$S=（0.4 \sim 0.7）D$；

粉土或潮湿软岩：$S=（0.5 \sim 0.7）D$；

致密或干燥的岩层：$S=（0.8 \sim 1.0）D$。

对于水平和斜孔的螺旋钻进，螺距不宜过大，根据实验研究，一般的土层锚杆孔用的螺距 $S=$ （0.4～0.8）$D$ 较合适，有利于排土，并能在其他条件相同时减少钻进的总功率消耗。

## 五、旋喷施工

高压旋喷是高压喷射注浆法的一种，是将带有特殊喷嘴的注浆管插入设计的土层深度，然后将水泥浆以高压流的形式从喷嘴内射出，冲击切削土体。土体在高压喷射流的强大动力等作用下，发生强度破坏，土颗粒从土层中剥落下来，与水泥浆搅拌形成混合浆液。一部分细颗粒随混合浆液冒出地面，其余土粒在射流的冲击力、离心力和重力等力的作用下，按一定的浆土比例和质量大小，有规律地重新排列。这样从下向上不断地喷射注浆，混合浆液凝固后，在土层中形成具有一定强度的固结体并呈圆柱状。

**1. 适用范围**

（1）受土层、土的粒度、土的密度、硬化剂黏性、硬化剂硬化时间影响小，可广泛应用于淤泥、淤泥质土、黏性土、粉质黏土、粉土、砂土、黄土及人工填土中的素填土甚至碎石土等多种土层；

（2）可作为既有建筑和新建建筑的地基加固之用，也可作为基础防渗之用；可作为施工中的临时措施（如深基坑侧壁挡土或挡水、防水帷幕等），也可作为永久建筑物的地基加固、防渗处理；

（3）当用于处理泥炭土或地下水具有侵蚀性、地下水流速过大和已涌水的地基工程时，宜通过试验确定其适用性。

**2. 旋喷分类**

高压喷射注浆法是利用钻机把带有喷嘴的注浆管钻进土层的预定位置后，以高压设备使浆液或水（空气）成为 20～40MPa 的高压射流从喷嘴中喷射出来，冲切、扰动、破坏土体，同时钻杆以一定速度逐渐提升，将浆液与土粒强制搅拌混合，浆液凝固后，在土中形成一个圆柱状固结体（即旋喷桩），以达到加固地基或止水防渗的目的。

根据喷射方法的不同，喷射注浆可分为单管法、二重管法和三重管法。

（1）单管法：单层喷射管，仅喷射水泥浆；

（2）二重管法：又称浆液气体喷射法，是用二重注浆管同时将高压水泥浆和空气两种介质的喷射流横向喷射出，冲击破坏土体。在高压浆液和它外圈环绕气流的共同作用下，破坏土体的能量显著增大，最后在土中形成较大的固结体；

（3）三重管法：是一种浆液、水、气喷射法，使用分别输送水、气、浆液三种介质的三重注浆管，在以高压泵等高压发生装置产生高压水流的周围环绕一股圆筒状气流，进行高压水流喷射流和气流同轴喷射冲切土体，形成较大的空隙，再由泥浆泵将水泥浆以较低压力注入被切割、破碎的地基中，喷嘴作旋转和提升运动，使水泥浆与土混合，在土中凝固，形成较大的固结体，其直径可达 2m。

喷射注浆法的加固半径和许多因素有关，其中包括喷射压力 $P$、提升速度 $S$、被加固土的抗剪强度 $\tau$、喷嘴直径 $d$ 和浆液稠度 $B$。加固范围与喷射压力 $P$、喷嘴直径 $d$ 成正比，与提升速度 $S$、土的抗剪强度 $\tau$ 和浆液稠度 $B$ 成反比。加固体强度与单位加固体中的水泥掺入量及土质有关。

**3. 旋喷成桩机理**

高压喷射注浆的成桩机理包括以下五种作用：

（1）高压喷射流切割破坏土体作用。喷射流动压以脉冲形式冲击破坏土体，使土体出现空穴，土体裂隙扩张；

（2）混合搅拌作用。钻杆在旋转提升过程中，在射流后部形成空隙，在喷射压力下，迫使土粒向着与喷嘴移动方向相反的方向（即阻力小的方向）移动位置，与浆液搅拌混合形成新的结构；

（3）升扬置换作用（三重管法）。高速水射流切割土体的同时，由于通入压缩气体而把一部分切下的土粒排出地上，土粒排出后所留空隙由水泥浆液补充；

（4）充填、渗透固结作用。高压水泥浆迅速充填冲开的沟槽和土粒的空隙，析水固结，还可渗入砂层一定厚度而形成固结体；

（5）压密作用。高压喷射流在切割破碎土层过程中，在破碎部位边缘还有剩余压力，且对土层可产生一定压密作用，使旋喷桩体边缘部分的抗压强度高于中心部分。

**4. 推荐的主要施工技术参数**

（1）单重管法。浆液压力 20～40MPa，浆液比重 1.30～1.49，旋喷速度 20r/min，提升速度 0.2～0.25m/min，喷嘴直径 2～3mm，浆液流量 80～100L/min（视桩径流量可加大）；

（2）二重管法。浆液压力 20～40MPa，压缩空气压力 0.7～0.8MPa；

（3）三重管法。浆液压力 0.2～0.8MPa，浆液比重 1.60～1.80，压缩空气压力0.5～0.8MPa，高压水压力 30～50MPa。

# 第二节  典型施工工法应用介绍

## 一、回转钻进工法

**1. 适用范围**

松软的土层、砂土层、黏土层、粉砂岩、淤泥地层以及含有少量砾石的单一软地层。

**2. 施工技术方案**

在以上所述的软质地层中施工，由于地质条件简单，其钻进成孔过程就简单很多，钻进阻力小，对设备参数要求不高。根据地质条件的差异以及孔深孔径的要求，需要确定钻具、动力头参数、水泵等相关参数。

（1）钻具选型

钻具的选型由施工孔径和锚索直径决定。土质疏松可选用套管跟进或者单套管钻进，保证锚索能顺利下放；土质致密不塌孔可选用单内杆或单套管施工。常用钻具型号及成孔直径见表 3-1 所列。

| 常用钻具型号 | | | | | 表 3-1 |
|---|---|---|---|---|---|
| 常用型号 | 133 | 146 | 168 | 183 | 219 |
| 套管直径（mm） | 133 | 146 | 168 | 183 | 219 |

续表

| 常用型号 | 133 | 146 | 168 | 183 | 219 |
|---|---|---|---|---|---|
| 内杆直径（mm） | 76 | 89 | 89 | 89 | 89 |
| 成孔直径（mm） | 150 | 165 | 180 | 200 | 250 |
| 钻杆长度（m） | 2/1.5 | 1.5 | 1.5 | 1.5 | 1.5 |

（2）动力头参数的选择

在简单地层中施工，使用回转钻进工艺时，转速为主导因素，进给系统次之。转速越高，土层剥离成孔速度加快，排渣量增加；这时配合以进给速度适当加快，可提高钻具的进尺速度。

如果采用北京建研机械科技有限公司的 JD110 型钻机，可以选用高速档施工，动力头最大转速为 110 r/min。

（3）水泵选型

1）水泵的作用

① 清除岩屑：钻进过程中，钻头在孔底不断破碎岩石产生岩屑，泵使冲洗液循环，将岩屑携带至地面，保持孔底清洁，有利于钻头继续破碎岩石；

② 冷却、润滑钻头和钻具；

③ 保护井壁：冲洗液增大内液柱压力，如冲洗液为泥浆时泥浆在孔壁上能形成薄层泥皮，冲洗液的压力平衡地压，从而保护井壁；

④ 判断孔内情况：利用泵上的压力表所反映的泵压变化，或者观察施工中排水孔的出水状态，及时了解孔内的一些情况。

2）推荐水泵参数

钻进介质的压力和流量要根据施工的孔径和深度合理选用，一般情况下压力和流量的加大，可加速渣屑的清除速度，提高施工效率。在以往的施工中，出现过选用水泵或空压机不合适，造成施工效率低下的问题。但同时压力和流量也不能过大，过大的话非但不会提高效率，反而会加大钻头的钻进阻力，降低钻进速度。

配备的水泵推荐以下三种：

① 潜水泵：作用是吸取水源并将其输送给增压泵；

② 增压泵：增压泵一般为管道泵，不具有自吸功能，须和潜水泵配合使用，将潜水泵输送过来的水二次增压，用于钻进冲刷排渣使用；

③ 泥浆泵：该类型泵具有吸水、增压一体功能，而且具有纳污能力较强，输送压力高等优势，但价格偏贵。

以上三种泵推荐使用参数见表 3-2 所列。

常用水泵参数 表 3-2

| | 功率（kW） | 流量（m³/h） | 扬程（m） | 出水口径（mm） |
|---|---|---|---|---|
| 潜水泵 | 5.5 | 18～21 | 20～40 | 50 |
| 增压泵 | 7.5 | 18 | 90 | 50 |
| 泥浆泵 | 18 | 15～18 | 2～4 | 50 |

注：以上只是推荐的配合参数，可适当调整。

3）注意事项

① 潜水泵的流量一般要大于增压泵的流量；

② 潜水泵的出水管，也就是增压泵的进水管，以及增加泵的出水管，需选用带钢丝的透明硬管，不能使用消防水袋类的软管。

**3. 施工流程**

（1）定位放线。现场定位放线根据工程定位点及施工图纸进行测放。测放过程中，用红油漆及钢钉进行标记，并采取保护措施，检查及复核无误后报监理验收。锚杆孔距误差不宜超过 100mm；

（2）钻机施工冲洗介质为水时，需在工作孔位的下方开挖排水沟，防止施工过程中出现污水四溢的问题，便于冲洗液集中回流再利用；

（3）钻机就位时底盘要平整，保证钻机平稳、牢固和钻孔的垂直度，将动力头输出传动轴中心对准钻进导向孔中心，在同一条垂直线上，并保持钻机水平稳固；

（4）钻机成孔：在确定锚杆孔位后，用钻机钻孔，要根据施工需要选用合适的钻具和钻头规格。同时现场进行孔深、锚孔偏斜度检测，符合要求报监理单位验收合格后进行下道工序施工；

（5）清孔要保证孔内沉渣小于 50mm，达到要求后进行验孔；

（6）锚杆或锚索的下料长度应达到设计要求，放入前应平直、除锈、除油，在钢筋中部及两端每 1.5m 设置一组导正架，在锚孔注满砂浆后及时把符合长度要求的锚杆插入，保证钢筋居中；锚索的制作要符合制作标准，要根据设计的抗拉拔力确定钢绞线的数量，选用合适的支撑架，制作锚索时要同时安装注浆管，用于锚索下放完毕后孔内注浆使用；

（7）制浆设备为搅拌机；制浆材料为温度等级为 42.5 的普通硅酸盐水泥、施工用水、中细砂。细砂粒径不大于 2.5mm，使用前过筛。水灰比 0.5～0.6；搅拌时间不短于 3min。砂浆拌合均匀，随拌随用。一次拌合的砂浆应在初凝前用完，并严防石块、杂物混入；

（8）灌浆前先检查制浆设备、灌浆泵是否正常；检查送浆管路是否畅通无阻，确保注浆过程顺利，避免因中断情况影响压浆质量。

## 二、回转冲击钻进工法

**1. 适用范围**

在砾石含量较多的土层、卵石地层、风化严重的页岩或砂岩，以及复杂回填地层、含有夹层溶洞等地层中适宜使用套管跟进。

**2. 施工技术方案**

回转冲击钻机的施工技术方案，在选用钻具规格以及施工流程、参数以及后期注浆等多方面与回转钻进工艺通用。不同的是该工艺的使用主要针对复杂地层，在回转钻进的同时辅助以冲击器的振动冲击能，加快破碎钻进。

**3. 回转冲击钻进施工效率影响因素的分析**

影响冲击回转钻进效果的影响因素很多，其中地层岩土性质、钻具、扭矩、转速、进给压力、冲击器的性能、钻进介质等都是影响钻孔速度与钻进效果的重要因素。

（1）地层岩土性质

　　岩土是锚杆钻机的工作对象。土和岩石的物理及力学性质是影响钻进效果的主要因素。土的物理性质在一定程度上决定了它的力学性质，土的基本物理性质指标有土粒密度、天然密度、干密度、含水率、饱和度、孔隙率和孔隙比。土的力学性质是指土在外力作用下所表现的性质，主要包括在压应力作用下体积缩小的压缩性和在剪应力作用下抵抗剪切破坏的抗剪性，其次是在动荷载作用下所表现的一些性质。所以土的力学性质是影响钻进效果的主要因素。锚杆钻机在土层中钻进多以切削钻进为主，故不讨论土层中冲击回转钻进效果的影响因素。

　　在岩石和砂卵石层中使用冲击回转钻进，一般来说，岩石的结构越致密，胶结越牢固，则岩石的硬度越高，钻进难度越大。在冲击钻进时，需要消耗能量来克服岩石弹性塑性变形。岩石的弹性及塑性对冲击回转钻进有如下关系：岩石弹性越大，消耗能量也越大，即钻进速度慢；岩石塑性越大，消耗的能量也越大，即钻进速度慢。岩石的脆性则有利于冲击回转钻进，脆性越大，抗拉能力越弱，消耗能力就越小，即钻进速度快。

　　（2）钻具

　　液动冲击回转钻机的钻具型号可以和回转钻进工艺通用。不同的成孔直径选用相对应的钻具型号。

　　钻头的直径、刃具结构形状等影响着冲击回转钻进的速度。钻头直径越大，钻机所承受的旋转阻力矩越大，钻进速度随着钻头直径的增大而减小。钻头刃具形状也对破岩钻孔速度有很大影响，主要与钻头的钻刃角度有关。钻刃前角大时，则钻头锋利，易于钻进，但钻刃容易磨损或者崩断。钻刃前角小时，钻头摩擦损耗小，但钻进速度慢。同样钻头钻刃前后角之间的刀尖角越小，破岩钻进越容易，但钻刃的坚固性将越差或者崩断。因此可以根据岩石的硬度来选择钻头的结构。

　　一般来说，钻杆越长，且消耗在钻杆及连接处的冲击能量越大。钻头与钻杆、钻杆与钻杆之间的连接方式影响着冲击能量的传递，从而也影响冲击回转钻孔的速度。从顶驱液压冲击回转钻进受力分析来看，钻具传递冲击力以及摩擦力，钻具的材质对钻进速度也有影响。

　　由此可见，钻具性能的好坏直接影响钻孔速度的快慢。为了保证钻孔质量和速度，必须选择合适的钻具，使其具有较好的承载能力及耐磨性能。

　　（3）扭矩

　　在冲击回转钻进时，钻具承受着两种力矩作用，一是阻力矩；二是动力头驱动钻具旋转扭矩。要使钻机旋转钻进，扭矩必须大于阻力矩。钻机的旋转扭矩要克服的阻力有：钻头与孔底、孔壁以及岩屑之间的摩擦阻力；钻杆与孔壁及循环液之间旋转的各种阻力。另外，因为存在瞬间的"超载"阻力，这种"超载"阻力是正常破岩阻力的 1.5 倍以上，对于岩土工程钻进来说，岩石、土层及砂卵石层的"超载"阻力差别非常大，钻机克服"超载"阻力问题更为突出，设计多功能锚杆钻机的旋转扭矩时必须考虑这种实际情况。当钻压增大时，钻具所受到的阻力矩也将增大，因此钻机的旋转扭矩与钻压也有关。旋转扭矩的大小影响着钻进速度的快慢，通常扭矩越大，钻孔的速度越快。

　　（4）转速

　　转速的大小也影响冲击回转钻机的效果。在某种范围内，钻孔速度与转速的增加成正比。钻具的转速主要取决于钻头钻刃（齿）的直径和切线速度。苏联专家比留科夫研究认为：钻齿对岩石的接触时间不能小于 0.02～0.03s。对某一种岩石都有一个最优转速，若低于最优转数的情况下，转数越高，钻进速度越快，若超过最优转速，钻进速度则降低。此理论认为：当钻机转速超过最优转数后，被破碎下来的岩屑来不及排除而造成重复破碎，导致钻速下降。

（5）进给压力

在旋转切削破岩钻孔时，由于岩石的反作用力会使钻头脱离岩石而产生的现象称为回弹现象。为了使钻头与岩石能保持良好的接触，必须对钻具施加轴向推进力（一般称为进给压力）。同时进给压力也能使钻刃切入岩石，使岩石内部形成破坏应力，有利于破碎岩石。进给压力对冲击回转钻进效果和钻具磨损有影响。

在钻头研磨时，钻头切削刃不能切入岩石，由摩擦力形成对岩石的表面磨削，这时钻速很低，钻速与进给压力是线性关系；当进给压力接近岩石抗压强度时，钻头切削刃侵入岩石，在其岩石上产生裂隙，经钻具重复作用产生破碎。在这个区域，钻速与进给压力是非线性关系，钻速增长率与进给压力成正比；当进给压力大于或等于岩石的抗压强度时，钻头侵入岩石，产生体积破碎，钻进速度提高，在这个区域，钻速与进给压力成正比。

进给压力过大容易引起钻具弯曲，出现钻孔偏斜等情况。过大的进给压力还会使旋转阻力增加，转速降低，甚至停转，导致钻机与钻具磨损量明显增大甚至被破坏。过小的进给压力不能保证钻头与岩体之间切削接触时间和必要的切削破坏，同杆会导致钻孔速度下降。所以，施加进给压力时，要充分考虑各种因素。

进给压力的大小与岩石也有很大关系。对于硬度不大和研磨性不强的岩石，应采用较大的进给压力；而对于坚硬和研磨性较强的岩石，应采用较小的进给压力。

（6）冲击器性能

冲击回转钻进的效果与冲击器（图 3-8）的性能密切相关，冲击器的基本参数包括冲击频率、冲击能等，它们与钻进时破碎岩石的效果密切相关。良好的冲击器应具备两个指标：较长的钻具寿命和较高的碎岩效率。以往的研究表明：影响冲击器性能的不仅仅是冲击频率和冲击能，还和冲击器冲锤的重量、形状、行程大小及冲击速度等都有密切关系。例如：瑞典的阿特拉斯系列的冲击器的冲锤以细长杆结构为主，而德国欧钻公司系列冲击器的冲锤主要是短粗杆结构。在同一个冲击器上，性能参数之间也是相互

图 3-8　克虏伯 HBS50 冲击器

联系和制约的。在确定冲击器的参数时必须把它们联系起来，选择配合关系。但影响冲击钻进的速度主要还是冲击频率、冲击能、冲击方式及传递三要素。

① 冲击能对钻进速度的影响

在确定适当的冲击能大小时，应当考虑单位体积的破碎功。研究表明：在钻头直径固定时，不同的冲击能破碎单位体积岩石所消耗的冲击能（单位比功）是不同的，而且数值差别相当大。在回转冲击钻进过程中，衡量冲击能合理值通常用钻头进尺及每米成本这些

指标来确定冲击能的合理性。

②冲击频率对钻进速度的影响

根据冲击的频率不同，可将其分为四类：低频（5～12Hz）、中频（12～25Hz）、高频（25～42Hz）和超高频（大于42Hz）。

冲击回转钻进中，在技术参数相同的情况下，冲击频率与钻进效率成正比，但当冲击频率达到某一定值之后，这种比例关系却不再存在，反而有所下降。这是因为：一，单位时间内的重复破岩次数增多，被冲击碎的岩屑来不及排出，沉积在钻头底部，有着缓冲作用，吸收了下一次冲击的能量；二，冲击载荷作用时间过短，破岩过程不完整，得不到高效率的体积破碎。

对坚硬岩石冲击回转钻进时，若提高冲击频率和钻具转速，则回转和冲击两种破岩作用同时发挥，钻进速度能很大地提高。对中硬及以下的岩石时，冲击频率要看其冲击能是否与其匹配，通常采用低频率高冲击能的冲击器碎岩效果较好。

③冲击方式及传递对钻进速度的影响

按照使用情况的不同，冲击部位有地表式和潜孔式两种。目前大多顶驱冲击装置都位于地表，通过钻杆将振动和冲击传给钻头。随着孔深的增加，振幅也随之减小，因此，可钻进深度受到了限制。潜孔式冲击器是将冲击装置放在孔内，减少了力沿钻杆传递的消耗，但其缺点是这种振动器在结构和尺寸上受到孔径的限制。在岩土锚固工程中，通常在钻孔深度30m之内，使用顶驱式冲击钻进速度较好，30m以外，使用潜孔式钻进速度较好。

在岩土锚固工程实际应用中，有时会根据需要采用上下同时打击（即上用液压锤打击套管，下用气动冲击器打击钻杆）来提高工效，即所谓的顶驱加孔底复合式。但在这种钻进方式中，由于上下同时冲击，其频率和振幅不同，因此对钻具设备损伤比较大。在近年国内的岩土锚固工程中，潜孔冲击工艺发展较为迅速，其中同心潜孔冲击锤工艺及偏心潜孔锤冲击工艺均能解决跟管快速钻进需要。

（7）冲洗介质对钻进速度的影响

冲洗介质对冲击回转的钻进速度的影响比较复杂，主要与冲洗介质的性质和冲洗介质的压力、流量等因素有关。在岩土锚固工程实际中，使用的冲洗介质主要有清水、空气和泥浆。由于空气潜孔锤在锚固工程中得到了广泛的应用，因此，空气不仅承担了钻头的冷却、稳定孔壁、冲洗钻屑的作用，同时还要驱动孔底的潜孔锤冲击，所以对冲洗介质（空气）要求就更高了，一般来说，大风量和高风压能够取得很好的钻进速度。若在复杂地层中使用顶驱冲击回转跟管钻进工艺时，由于套管承担了护壁的主要作用，冲洗介质（清水或空气、泥浆）能够满足钻头的冷却和及时排出钻屑即可。

## 三、空气潜孔锤工法

### 1. 适用范围

致密的卵砾石层，复杂的回填层以及各种岩石地层。

### 2. 气动潜孔锤钻机工法简介

风动潜孔锤空气钻进因其冲击破碎岩石的高效率而在岩石锚固工程施工中被广泛地采用。但是由于锚固岩石地层的多变性和复杂性，需要采用一些基于一般钻进方法之上的特殊方法和手段。例如：风动潜孔锤单动力头套管跟进钻进、双动力头双动双管套管跟进钻进、单动力头双管空气反循环钻进等。选择或采用何种钻孔工艺方法来钻凿锚杆（索）孔，最基本的依据首先是要保证钻孔内钻出的岩渣能彻底排出孔外；其次是要能保持钻出的孔壁不会坍塌，这样才能保证在钻孔过程中不会产生埋钻、卡钻等事故，并能顺利地把锚杆（索）安装到位。

单动力头风动潜孔锤套管跟进是克服松散、破碎、卵砾石等复杂地层钻进的有效方法之一，根据钻具结构可分为：偏心式和同心式两种。其钻具示意图如图3-9所示。

空气潜孔锤跟管的基本原理是将冲击器活塞产生的高频振动及冲击力直接作用到导管上，将导管跟入孔内，其具体过程是：空气压缩机产生的压缩空气进入冲击器，使活塞在气缸内产生往复运动从而对打杆产生高频的振动冲击作用，打杆再将冲击频率及冲击力传递到导管，使导管在高频振动及冲击作用下跟入地层而达到护孔的目的。

（1）偏心式跟管钻具

偏心式跟管钻具由钻杆、风动潜孔冲击器、偏心钻头、套管和套管靴组成。钻进时，偏心钻头在套管靴前钻出比套管外径大的钻孔，偏心钻具上的冲击力同时带动套管靴、套管与钻孔同步跟进，钻出的岩屑则通过套管与钻杆之间的环隙由空气上返

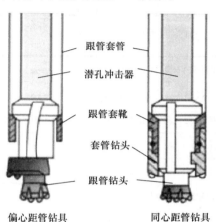

图3-9  潜孔锤钻具结构

至孔外，达到既保持钻孔内清洁又保护已钻出的钻孔的目的。在松散、破碎地层施工完毕后，偏心钻头可通过反转回缩，并从套管内孔中提出内钻具，然后再用小一号冲击钻头在锚固段钻进，待锚索安装完毕后，再把套管从钻孔中拔出。这种钻具由于其结构简单、制造成本低，管靴可通过直径较大等优点而在工程施工中被广泛采用。

（2）同心式跟管钻具

同心式跟管钻具组成与偏心式基本相同，不同之处是同心式套管靴与套管钻头之间有相对回转运动，所以在结构上同样规格的套管及管靴要比偏心式的小8～10mm，套管靴、套管钻头加工成本较高。其优点是中心钻头的使用寿命长，钻具回收成功机率高，操作比较容易。

**3. 施工技术方案**

（1）钻杆的选用

钻杆的选用要综合考虑钻机能力和清孔排渣的需要。经验证明，选用直径较粗的外平式钻杆，缩小钻杆与孔壁之间的环状间隙，将十分有利于清孔排渣，尤其是当地层比较复杂时，可有效减少卡钻、埋钻等孔内事故，提高钻进效率。常用钻杆规格、适用孔径参见表3-3所列。

钻杆及适用孔径　　　　　　　　　　表3-3

| 外平钻杆直径（mm） | 50 | 73 | 89 | 110 |
|---|---|---|---|---|
| 适用成孔直径（mm） | 76～100 | 110～130 | 110～170 | 150～220 |

（2）潜孔冲击器的选择

潜孔冲击器的选用要与空压机的能力相匹配，使用低风压潜孔冲击器比较经济，但钻孔效率受到一定的影响。对一些特别坚硬的岩石，则必须使用中、高风压的潜孔冲击器才能取得良好的钻进效率。与阀式潜孔冲击器相比，无阀式潜孔冲击器因其耗风量小、结构简单，对风量、风压的适用范围宽，可与大部分风压不大于1.2MPa的空压机配套使用等特点而被广泛使用。无阀式冲击器的型号、规格、适用钻孔直径参数见表3-4所示。

推荐冲击器型号　　　　　　　　　　　　　　　　　　表3-4

| 型号 | 成孔直径（mm） | 外径（mm） | 耗风量（m³/min） | 工作风压（bar） | 额定轴压力（kN） | 推荐转速（rpm） |
|---|---|---|---|---|---|---|
| TH79（3.5） | 90～110 | 79 | 4.4～13.8 | 10.5～24 | 5.1 | 30～50 |
| TH79（4） | 105～138 | 98 | 7～17.2 | 10.5～24 | 7.1 | 30～50 |
| TH122（5） | 138～165 | 124 | 8.2～23.4 | 12～24 | 9.2 | 30～50 |
| TH139（6） | 152～203 | 142 | 14.1～30 | 14～24 | 10.2 | 30～50 |
| TH180（8） | 203～271 | 180 | 22.5～39.6 | 14～24 | 18.3 | 30～40 |
| TH220（10） | 240～311 | 220 | 40.3～56.6 | 17～24 | 20.4 | 30～40 |
| TH275（12） | 311～444.5 | 275 | 45.3～62.3 | 17～24 | 25 | 30～40 |

（3）跟管钻具的选型

了解和掌握施工地层的资料是选择是否采用跟管钻进工艺的依据，在复杂地层（例如岩石堆积体、强风化破碎、裂隙发育严重、滑坡体等）钻进施工时应配备跟管钻具；其次对跟管钻具的正确、合理使用也十分重要，在对所施工的地层资料进行仔细分析、研究的基础上，结合现场试验，能帮助我们制订出合适的施工钻进参数（例如：给进力、回转速度的大小，钻进速度的控制等）。

偏心式跟管钻具因其管靴通过直径大，结构简单，成本低等优点而在锚固工程中被广泛采用。一般根据锚索结构设计要求来选择相应的跟管钻具。具体选用时应根据套管靴的通过直径，结合锚索（杆）的结构尺寸加以综合考虑。跟管钻具及其正确、合理使用也尤为重要，并且这些往往要通过实践才能掌握。跟管钻具的选型见表3-5所示。

跟管钻具选型表　　　　　　　　　　　　　　　　　　表3-5

| 套管规格 | | 114 | 127 | 146 | 168 | 193 | 219 |
|---|---|---|---|---|---|---|---|
| 潜孔锤规格 | | TH79 | TH79 | TH98 | TH122 | TH139 | TH139、TH180 |
| 成孔直径（mm） | | 127 | 136 | 154 | 184 | 206 | 234 |
| 套管靴通径（mm） | 偏心式 | 91 | 101 | 117 | 140 | 166 | 193 |
| | 同心式 | 91 | 101 | 117 | 140 | 164 | 184 |

（4）拔管机的选用

拔管机是与跟管钻进工艺相配套的辅助机具。根据跟管套管直径、孔深的不同，可供选用的拔管机型号及规格见表3-6所示。

| 推荐拔管机型号表 | | | 表 3-6 |
|---|---|---|---|
| 拔管机型号 | YB-30 | YB-50 | YB-70 |
| 额定起拔力（kN） | 300 | 500 | 700 |
| 适用套管直径（mm） | 89、108、127、146、168 | 127、146、168、178 | 146、168、178、194 |
| 适用孔深度（m） | 20～40 | 20～50 | 20～50 |

（5）施工参数选择

① 转速

根据所钻进的地层不同，建议选择以下转速：

软岩层：30～50r/min；中硬岩层：20～40r/min；硬岩层：10～30r/min。

② 空压机

常用空压机厂家型号及参数见表 3-7 所列，可根据施工需要进行选用。

| 常用空压机厂家型号及参数 | | | | 表 3-7 |
|---|---|---|---|---|
| 公司名称 | 空压机型号 | 排气量<br>（m³·min⁻¹） | 额定排气压力<br>（MPa） | 备注 |
| 美国寿力 | 780RH/1070XH | 22.1/30.3 | 2.07/2.41 | 常用 |
| | 1150XH/1350XH | 32.6/38.2 | 2.4/2.4 | 常用 |
| | 900XHH～1150XH | 5.5～32.6 | 3.45～2.4 | 双工况 |
| | 1150XHH～1350XH | 32.6～38.2 | 3.45～2.4 | 双工况 |
| 复盛公司 | PDSG750S | 21.2 | 1.3 | 常用 |
| | PDSH850S | 24 | 1.75 | 常用 |
| | PDSJ750S | 21.2 | 2.11 | 常用 |
| | PDSK1200S | 35 | 2.45 | 常用 |
| 陶特拉斯 | XRYS1260 | 34～40 | 2.2～3.5 | 常用 |
| | XRXS1275 | 35.5 | 3.0 | 常用 |
| | XRVS1300 | 36.4 | 2.5 | 常用 |
| | XRVS976 | 77.7 | 2.5 | 常用 |
| 英格索兰 | RHP750WCAT | 21.2 | 2.07 | 常用 |
| | XHP900WCAT | 25.5 | 2.41 | 常用 |
| | XHP1070WCAT | 30.3 | 2.41 | 常用 |
| | XHP1170WCAT | 33.1 | 2.41 | 常用 |

## 四、工法、钻具选用参考

从施工适用的地质条件、配套的钻具及工具、施工参数及技术方案等方面对回转钻进、回转冲击钻进以及空气潜孔锤钻进等主要工法进行了实用性研究，同时分析总结出工法、钻具选用参考，见表 3-8 所列。

**工法钻具选用参考**　　　　表 3-8

| 地质条件 | | 单内杆 | 单套管 | 套管跟进 | 螺旋钻 | 潜孔锤单杆 | 偏心锤跟管 |
|---|---|---|---|---|---|---|---|
| 土层（粉土、砂土、黏土） | 松软易塌孔 | | ● | ● | | | |
| | 不易塌孔 | ● | ● | ○ | ● | | |
| | 黏性土层 | ● | | ● | | | |
| 淤泥层 | | | | ● | | | |
| 回填层 | | | | ● | | | ● |
| 卵石层 | | | | ● | | | ● |
| 泥岩 | 泥岩（黏性大，泥质胶结） | ● | | ● | | | |
| | 致密较坚固的泥岩 | ○ | | ● | | ● | ● |
| 页岩、砂岩、石灰岩 | $f \leqslant 8$ | ○ | | ● | | | ● |
| | $f > 8$ | | | ○ | | ● | |
| 花岗岩、玄武岩等坚硬岩层 | $f > 8$ | | | | | | ● |

● 适合使用

○ 可以实现，但不推荐

注：以上只是统计的大概选用参考，由于岩土构成和基本物理性质的复杂性，在实际施工时必须按地质报告，选用合适的施工工艺。

# 第三节　相关标准体系概况

## 一、《建筑施工机械与设备　锚杆钻机》JB/T 12156—2015

### 1. 应用范围

该标准规定了锚杆钻机的术语和定义、分类和主参数、要求、试验方法、检验规则等。该标准适用于地层（土层）锚杆施工用钻机。锚杆钻机也可用于地质岩芯取样和各种注浆、注水、排水孔等的钻孔。爆炸性气体环境用的锚杆钻机，还应符合有关爆炸性气体环境用设备标准的规定。

### 2. 主参数

锚杆钻机的主参数为动力头转矩［单位为牛米（N·m）或千牛米（kN·m）］和发动机（或电动机）功率［单位为千瓦（kW）］。

### 3. 安全要求

（1）在开发和设计锚杆钻机时，应按《机械安全　设计通则　风险评估与风险减小》GB/T 15706—2012 的要求来考虑其预定使用，锚杆钻机的设计应考虑安全使用、安装、拆卸和维护/检查。

锚杆钻机的设计应符合人类工效学原则，以避免操作者的紧张和疲劳。应考虑到操作者可能会穿戴厚重的手套、靴子和其他个人防护用品，并应符合《土方机械司机的身材尺寸与司机的最小活动空间》GB/T 8420 和《土方机械操纵的舒适区域与可及范围》GB/T

21935 的规定。

（2）锚杆钻机若在有翻车危险的地方移位行走，则应设置备用驾驶位置或配备防翻滚保护装置（ROPS），以使驾驶者能驾驶锚杆钻机而不危及自身，对于某些特殊应用，应配备遥控装置。如在有石块坠落危险的环境下使用，锚杆钻机应配备防落物保护装置（FOPS）。

（3）控制装置

控制装置应根据相关标准明确标志，其摆放位置应能保证安全快速舒适地操作，控制装置应保质其动作与效果一致。除了控制连续作业（如钻进作业）外，其他控制装置都应是止—动式的［只有当手动控制装置（制动机构）被驱使时，才能触发并保证具有危险性的及其功能运行的控制装置］。但紧急停机装置及类似装置除外。若锚杆钻机有多个操作位置，则应配备模式选择装置，以使操作者可选择要使用的操作位置，且保证只有一套操作位置起作用。但本规定不适用于紧急停机和安全装置。

（4）稳定性

锚杆钻机的设计和制造应能保证其在正常使用条件下的稳定性，如运输、移位行走、停车和钻孔等，保证没有倾翻和陷落的危险。稳定性应通过计算校验。

（5）运动件的防护

锚杆钻机运动件的设计、制造和布置应能避免《机械安全　设计通则　风险评估与风险减小》GB/T 15706 所描述的危险。例外情况见本标准。

（6）防火

锚杆钻机的制造材料应尽可能耐火。驾驶室内的装饰材料应是阻燃材料，在按《农林拖拉机和机械驾驶室内饰材料燃烧特性的沉淀》GB/T 20953 的规定进行材料火焰蔓延线速度试验时，其最大值应不超过 250mm/min。

（7）钢丝绳、滑轮和卷扬机

进给用钢丝绳安全系数应不小于 3.0，进给系统滑轮节径应不小于钢丝绳直径的 12.5 倍；所有滑轮均应设有防止钢丝绳脱出滑轮槽的装置；滑轮末端连接不应使用 U 形绳夹；应不使用有自由下放功能的卷扬机；卷扬机的制动能力应在拉力的 1.2 倍～1.6 倍范围内；其钢丝绳安全系数应不小于 3.0；卷扬机的应用在稳定性计算中应不作为一个支撑。

（8）臂架和进给梁

机械式起落的进给梁应有安全装置，在起落机构失效时自动起作用，以防止进给梁倾倒；用于固定竖起进给梁的锁止销或类似装置应能防止意外松动，销或类似装置应用链条等拴在锁定点位置；应适当考虑由于钻杆或钻杆舱不对称挤压产生的应力；进给梁的额定载荷（正常载荷或起拔力）应明确地标在操作位置。

## 二、《建筑施工机械与设备　钻孔设备安全规范》GB 26545—2011

### 1. 应用范围

《建筑施工机械与设备 钻孔设备安全规范》主要涉及了钻孔设备的重要作业安全和人类工效学，规定了钻孔设备设计、制造、使用和维修的安全要求。

该标准包括了在预定使用和制造商可预见的条件下，有关钻孔设备的重大危险。该标准适用于建筑、隧道、铁路、道路、水电站和水利施工中表面和地下成孔用的钻孔设备，也包括套管。

其中包括下列机种（部分）：成桩用钻孔设备，主要有冲击式钻孔设备、旋挖钻机、长螺旋钻孔机、正/反循环式钻孔设备、摆动/旋转式套管钻孔机、桩顶钻孔设备、潜孔锤凿岩钻孔机等；锚固用钻孔设备，主要有旋转和旋转冲击式钻孔设备等。

**2. 术语和定义**

（1）危险区域

在钻孔设备内部或周围，人员面临伤害风险或对健康有损害的区域，对钻孔设备来说，指的是钻孔设备及其工作、附属、回转、起落装置运转时能接触到人的区域。

（2）作业区域

在设备附近，为完成作业而移动钻具的区域。

（3）暴露人员

完全或部分位于危险区域的人员。

（4）操作者

操作钻孔设备进行钻孔作业的人员。操作者也可是驾驶钻孔设备行走的人员。

（5）驾驶者

负责驾驶钻孔设备行走的人员，驾驶者可在钻孔设备上或通过步行、遥控来驾驶钻孔设备。

（6）吊重载荷

由下部滑轮吊钩组起吊的实际载荷，包括下部滑轮吊钩组和运动钢丝绳的重量，吊重载荷在正常工况和特殊工况中有明显差别。

（7）正常工况

正常的、常规的作业情况，如主要发生在下钻和提钻时，在该工况下的最大允许吊重载荷被认为是正常吊重载荷。

（8）特殊工况

不常出现的或有限时间内的作业情况，此时吊重载荷可超出额定吊重载荷，许用最大吊重载荷被认为是特殊吊重载荷，如提升作业和某些拔出套管作业。

（9）稳定角

倾翻线所在的垂直面与整机重心和同一倾翻线所形成的平面之间的夹角，稳定角限定了倾翻的角度。

（10）倾翻线

对于履带式或轮式钻孔设备：在行驶方向前后倾翻的倾翻线为两侧履带相对的导向轮、支重轮或驱动轮最低支撑点的连线，或底盘两侧相对的车轮最低支撑点的连线；侧翻（与前后倾翻方向垂直）倾翻线为底盘每侧的接触支撑区域中心的连线。

对于带支腿的钻孔设备：底盘每侧支腿或支腿油缸及两侧相对的支腿或支腿油缸接地支撑中心的连线。

（11）总垂直载荷

钻孔设备整机重量和其他在垂直方向作用载荷的总和，总水平载荷（如风载荷等）只影响总垂直载荷的作用位置。

（12）移位行走

钻孔设备在可钻孔状态下的短距离行走。

（13）钢丝绳安全系数

由制造商提供的钢丝绳最小破断拉力与卷扬机卷筒上第一层（最内层）钢丝绳最大拉力之比。

（14）检验

由专业人员定期彻底地对在安全上有重要影响的所有零部件进行目测检查、功能性试验（包括所有必要的测量），以确认有无缺陷或损坏。

（15）检查

由操作或维修人员对零部件的经常性检查，发现有无明显的缺陷或损坏，并通过抽查来确认其功能是否正常。

（16）操作工作用载人升降机

由导向立柱和平台组成的只运载人员的升降机。

（17）维修用移动式平台

安装在钻孔设备的部件上如钻孔设备头部、沿立柱移动的临时或永久性平台，维修平台可以运载人员和物料，人员也可以在平台上工作。

**3. 安全要求**

（1）驾驶、移位行走和操作位置

钻孔设备应提供一个操纵室以使操作者不受噪声、粉尘和不利天气的影响。但是，也有一些类型的钻孔设备或操作情况不适合或不可能配备操纵室。如在有石块坠落危险的环境下使用，钻孔设备应配备符合要求的落物保护结构（FOPS）。

噪声防护装置：操纵室内的声压级应不大于85dB（A）。

紧急出口：如击碎窗户或面板的方法，在操纵室正常出口的不同面提供或放置击碎窗户的工具。

如果有坠落物危险，没有操纵室的钻孔设备应配备上述的防护装置，或有备用的操作位置，以提供安全的工作条件。

（2）控制系统功能

启动：钻孔设备的主动力源只能通过人为操纵启动控制装置才能启动，并且无论何种原因停机，之后的重新启动也应如此。应有安全防护装置以防止非正常的启动，如可锁闭的驾驶室、可锁闭的启动开关或可锁闭的电路开关。如钻孔设备有多个启动装置，则这些装置应相互联锁，以保证只有一个装置可以控制启动。

停机：应设置紧急停机装置，以迅速地遏止已发生的危险和即将发生的危险。该装置应能迅速地停止所有的危险运动以防止危险情形扩大，而不引发另外的危险。每个操作或驾驶位置都应有紧急停机装置。但对于安装在卡车或拖拉机上的钻孔设备，其驾驶位置可不配备紧急停机装置。

动力中断及中断后的重新启动应保证不发生危险，特别应符合下列要求：只能由操作者人为操作才可重新启动；若发出停机命令，钻孔设备必须停机；机器的零部件或工具不会脱落或甩出；自动或手动停止运动部件的功能应有效；保护装置和防护措施应有效；动力中断或液压、气压系统的失压应保证不产生危险，且不得影响紧急停机装置的功能。

停止旋转和进给的安全装置：带有进给臂架的钻孔设备，人员可能有被其旋转部分卷入或伤害的风险。应紧邻旋转钻具组易于接触到人员的区域设置自动停机装置，在紧急情况下，该装置应能由人体或人体的某部分触发，一旦触发则应无任何延迟或困难地自动动作，迅速停止设备的危险运动。该装置的触发器应有明显的标识。

当自动停机装置动作时，系统内任何残留的能量应被限制或释放，以使其不能引发任何危险运动。自动停机装置动作后，应一直保持有效，直至人工重新设置为止。人工重新设置不应重新启动机器，而只能使机器通过正常启动程序重新启动。如果由于操作原因而不能配备自动停机装置，则应在钻孔或其他有危险的操作时禁止进入危险区域。此时应在禁止通行区域设置"禁止通行"标志。

（3）稳定性

钻孔设备在任何方向的稳定角 $\alpha$，在移位行走时应不小于 $10°$，在其他任何情况下应不小于 $5°$。其中 $10°$ 的稳定角已经考虑了整个钻孔设备的加速和制动所产生的动载荷作用。当钻孔设备要在斜面上进行工作、移位行走或停车时，对稳定性的验证应包括操作说明手册给出的最不利情况下的最大允许坡度。稳定角应在上述限定的角度范围内，如应在考虑作业坡度后使稳定角不小于 $10°$ 或 $5°$。稳定性说明和其他重要使用限制应清楚标明，并放置在从驾驶和操作位置能看清的地方，如移位行走和钻孔的最大允许坡度。

（4）底盘制动

自行式钻孔设备应能在制造商允许的所有坡度、地面条件、速度和工况下进行减速、停车和保持静止状态，以保证安全。在操作位置应不能断开车轮或履带的制动连接。如行车制动系统的动作取决于储存的液压或气压能量，在动力中断时，制动系统应至少还能连续进行五次制动，第五次制动的效果不得低于辅助制动系统。如钻孔设备带有可操作行走的遥控装置，则无论何种原因，只要遥控装置失效，设备均应自动停车。

（5）运动件的防护传动件

对于旋转传动件，如传动轴、联轴器、传动带等有可能伤人的零部件，都应配备防护装置，以避免接触。防护装置应制造牢固并固定可靠。对于不常接近的传动件，应安装固定式防护装置，固定式防护装置应通过焊接或使用必要工具、钥匙才能打开或移动的方式进行固定。

（6）电气系统

钻孔设备电源的配备应符合《机械电气安全　机械电气设备　第1部分：通用技术条件》GB 5226.1－2008 的要求；电力驱动的钻孔设备应有接地保护；蓄电池组应有搬运吊点并牢固地安装在相应位置。应能保证电解液不会有溅到人员和周围其他设备的危险。电极应有防护，电路中应安装绝缘开关，蓄电池组和/或蓄电池安装位置的设计、制造和封罩，应能保证即使在钻孔设备倾翻时操作者也没有被电解液或蒸汽伤害的危险。

（7）液压系统

液压系统应符合现行《机械安全　设计通则　风险评估与风险减小》GB/T 15706 和《液压传动　系统及其元件的通用规则和安全要求》GB/T 3766 的安全要求。液压系统应使用无毒的液压油。

（8）工作照明

对于地下作业，如隧道施工，钻孔设备应配备工作照明装置以照亮前部，如钻臂可达到的区域，照度应至少为100lx，进给机构和臂架的自然阴影处除外。对于其他的钻孔作业，在钻孔区域应至少有照度为 100lx 的照明。在黑暗和无光环境中作业的地面钻孔设备，在钻孔和卷扬区域应至少有照度为 100lx 的照明，进给机构和臂架的自然阴影处除外。自行式钻孔设备在黑暗环境中移位行走，钻孔设备移动方向 7m 处的照度应不低于 10lx。

（9）防火

钻孔设备的制造材料应尽可能耐火。驾驶室内的装饰材料应是阻燃材料，在按现行国家规范《农林拖拉机和机械　驾驶室内饰材料燃烧特性的测定》GB/T 20953 进行材料火焰蔓延线速度试验时，其最大值应不超过 250mm/min。

钻孔设备配备的灭火器应适用于扑灭油类和电气类火灾，并符合现行国家规范《手提式灭火器　第 1 部分：性能和结构要求》GB 4351.1 的要求。设有固定式灭火系统的钻孔设备，还应至少配备一台手提式灭火器。

（10）卷扬机、钢丝绳和滑轮

安装在钻孔设备上且用于钻孔作业的提升卷扬机、钢丝绳和滑轮应符合相应要求。载人升降机和移动式平台所使用的卷扬机、钢丝绳和滑轮应符合相应要求。

（11）链轮和链条

钻孔设备进给系统所用的且直接参与加压和提拔作业的链轮和链条应符合下列要求：应根据安全系数进行选用，如最小破断载荷与最大载荷之比应不小于 3.5；应有合适、安全的张紧措施；如可能，应使链条在链轮或导向轮上的包角达到 180°。

（12）立柱、井架、进给臂架和工作平台

机械式起落的立柱、井架和进给臂架应有安全装置，在起落机构失效时自动起作用，以防止立柱倾倒。用于固定竖起立柱和进给臂架的锁止销或类似装置应能防止意外松动。锁止销或类似装置应用链条等拴在锁定点位置。

所有的平台都应能通过位置合适的梯子或阶梯安全到达。如果竖梯长于 3m，应放置合适并设有护圈或者有可连接安全带的措施。若竖梯长于 9m，则最长 9m 范围内应设置一个休息平台。

（13）警示装置

警示装置如信号灯应明确、易于理解，操作者应能随时、方便地检查所有主要警示装置。应有人工操作的声讯警示信号，来警示在作业区域的人员即将发生的危险。每个操作或驾驶位置（如果可以，包括遥控监视位置）都应能操纵该声讯警示装置。警示信号的声压级应至少比距钻孔设备 2m 处的噪声高 5dB。倒车时，也应自动给出声讯或可视警示信号。遥控和/或无人自动操作的钻孔设备应有可视警示灯，在钻孔设备启动前和遥控操作或无人自动操作时，该警示灯应自动开启。

## 三、《建筑机械使用安全技术规范》JGJ 33—2012 桩机成孔设备部分

1. 桩机成孔设备装设的起重机、卷扬机、钢丝绳应执行本规程第 4 章的规定。卷扬钢丝绳应经常润滑，不得干摩擦。

2. 施工现场应按设备使用说明书的要求进行整平压实，地基承载力应满足桩机的使用要求。在基坑和围堰内打桩，应配置足够的排水设备。

3. 桩机设备作业区内应无妨碍作业的高压线路、地下管道和埋设电缆。作业区应有

明显标志或围栏，非工作人员不得进入。

4. 电力驱动的桩机成孔设备，作业场地至电源变压器或供电主干线的距离应在 200m 以内。

工作电源电压的允许偏差为其公称值的±5%。电源容量与导线截面应符合设备使用说明书的规定。

5. 桩机的安装、试机、拆除应由专业人员严格按设备使用说明书的要求进行。安装桩锤、钻杆等部件时，应将其运到立柱正前方 2m 以内，并不得斜吊。

6. 施工作业前，应由施工技术人员向机组人员作详细的安全技术交底。

7. 作业前，应检查并确认机械设备各部件连接牢靠，各传动机构、齿轮箱、防护罩、吊具、钢丝绳、制动器等良好，起重机起升、变幅机构正常，电缆表面无损伤，有接零和漏电保护措施，电源频率一致、电压正常，旋转方向正确，润滑油、液压油的油位符合规定，液压系统无泄漏，液压缸动作灵敏，作业范围内无人或障碍物。

8. 桩机设备吊桩、吊锤、回转或行走等动作不应同时进行。桩机在吊桩后不应全程回转或行走。吊桩时，应在桩上拴好拉绳，避免桩与桩锤或机架碰撞。桩机在吊有桩和锤的情况下，操作人员不得离开岗位。

9. 起拔载荷应符合以下规定：电动卷扬机的起拔载荷不得超过电动机满载电流；卷扬机以内燃机为动力，拔桩时发现内燃机明显降速，应立即停止起拔；每米送桩深度的起拔载荷可按 40kN 计算。

10. 作业过程中，应经常检查设备的运转情况，当发生异响、吊索具破损、紧固螺栓松动、漏气、漏油、停电以及其他不正常情况时，应立即停机检查，排除故障后，方可重新开机。

11. 在有坡度的场地上及软硬边际作业时，应沿纵坡方向作业和行走。

12. 遇风速 8m/s 及以上大风和雷雨、大雾、大雪等恶劣气候时，应停止一切作业。当风力超过七级或有风暴警报时，应将桩机顺风向停置，并应增加缆风绳，必要时应将桩架放倒。桩机应有防雷措施，遇雷电时人员应远离桩机。冬季应清除机上积雪，工作平台应有防滑措施。

13. 机械设备运转时，不应进行润滑和保养工作。设备检修时，应停机并切断电源。

14. 设备安装、转移和拆运过程中，不得强行弯曲液压管路，以防液压油泄漏。

## 四、《施工现场机械设备检查技术规范》JGJ 160—2016

### 1. 总则

（1）为加强施工现场机械设备管理，保证机械设备技术状况良好，预防机械事故，减少环境污染，制定本规范。

（2）本规范适用于新建、扩建和改建的工业与民用建筑及市政工程施工现场机械设的检查。

（3）施工现场应建立健全施工现场机械设备安全使用管理制度，明确每台机械设备的检查人员、检查时间、检查频次。

（4）施工现场机械设备的检查除应符合本规范外，尚应符合国家现行有关标准的规定。

**2. 基本规定**

（1）检查人员应定期对机械设备进行检查，发现隐患应及时排除，严禁机械设备带病运转。

（2）机械设备主要工作性能应达到使用说明书中各项技术参数指标。

（3）机械设备的检查、维修、保养、故障记录，应及时、准确、完整、字迹清晰。

（4）机械设备外观应清洁，润滑应良好，不应漏水、漏电、漏油、漏气。

（5）机械设备各安全装置齐全有效。

（6）机械设备用电应符合现行行业标准《施工现场临时用电　安全技术规范》JGJ 46的有关规定。

（7）机械设备的噪声应控制在现行国家标准《建筑施工场界　环境噪声排放标准》GB 12523范围内，其粉尘、尾气、污水、固体废弃物排放应符合国家现行环保排放标准的规定。

（8）露天固定使用的中小型机械应设置作业棚，作业棚应具有防雨、防晒、防物体打击功能。

（9）油料与水应符合下列规定：起重机使用的各类油料与水应符合使用说明书要求；使用柴油时不应混入汽油；润滑系统的各润滑管路应畅通，各润滑部位润滑应良好，润滑剂厂牌型号、黏度等级（SAE）、质量等级（API）及油量应符合使用说明书的规定；不得使用硬水或不洁水；冬期未使用防冻液的，每日工作完毕后应将缸体、油冷却器和水箱里的水全部放净；施工现场使用的各类油料应集中存放，并应配备相应的灭火器材。

（10）液压系统应符合下列规定：液压系统中应设置过滤和防止污染的装置，液压泵内外不应有泄漏，元件应完好，不得有振动及异响；液压仪表应齐全，工作应可靠，指示数据应准确；液压油箱应清洁，应定期更换滤芯，更换时间应按使用说明书要求执行。

（11）电气系统应符合下列规定：电气管线排列应整齐，卡固应牢靠，不应有损伤和老化；电控装置反应应灵敏；熔断器配置应合理、正确；各电器仪表指示数据应准确，绝缘应良好；启动装置反应应灵敏，与发动机飞轮啮合应良好；电瓶应清洁，固定应牢靠；液面应高于电极板10～15mm；免维护电瓶标志应符合现行国家有关标准的规定；照明装置应齐全，亮度应符合使用要求；线路应整齐，不应损伤和老化，包扎和卡固应可靠；绝缘应良好，电缆电线不应有老化、裸露；电器元件性能应良好，动作应灵敏可靠，集电环集电性能应良好；仪表指示数据应正确；电机运行不应有异响；温升应正常。

以上标准规范为作业现场和操作者常用标准的内容摘要，与锚杆钻机安全作业密切相关，学习者可进行延伸阅读，提高标准化素养。操作者在具体应用标准时应查阅标准原文，以及时了解详细要求和最新版本的变动情况。

# 第四章　操作与日常维护

## 第一节　操　作　条　件

### 一、环境条件

1. 锚杆钻机在正常条件下的各种用途有：

常用于路基、坝基、挡土墙加固，边坡治理、地基处理及加固、各种工业及民用建筑深基坑处理，并可用于预防山体滑坡、隧道岩石坍塌等灾害的整治工程。

2. 如果用于有潜在危险的环境，例如缺氧的高原、易燃易爆环境或含有石棉粉尘的区域，则必须遵守特别的安全规定，而且必须为机器配备适合的装置。

3. 内燃式钻机不适宜在地下或通风情况不良的环境中工作。

4. 在操作机器时，机器作业范围内应无障碍物和无关人员，注意电缆沟、回填土等危险场地和其他复杂地形。

5. 机器在松软地面上行驶或作业时要特别谨慎小心，如果地面易下陷，要在履带下铺垫木板或钢板。

### 二、人员条件

1. 持有被认可的施工作业岗位培训合格证书，接受过设备制造商或专业教育机构的专业培训并已被证明具备操作能力的人方可操作钻机。

2. 在操作机器时，操作手务必穿戴工作服和安全帽等安全防护用品。

3. 操作人员上岗时应情绪稳定、头脑清醒、反应敏捷。

4. 只有专业技术人员和售后服务人员才能检查、维修、保养锚杆钻机。

### 三、操作前的准备工作

**1. 发动机启动前的检查**

（1）在开始作业前，必须仔细检查并确定机器无渗油、部件损坏、部件缺失、连接油管松动等异常情况发生，检查电气接线是否牢靠，并确定所有安全装置工作正常；

（2）检查发动机机油油位是否适当；

（3）检查燃油油位；

（4）检查发动机各滤清器（空滤器、机油滤清器、柴油滤清器）、燃油管路等是否良好；

（5）检查液压油箱油位指示器；

（6）所有操纵阀放到空档的位置，如机器报警且不能启动钻机时，操作手必须将这一情况通报至相关人员，只有在报警解除后才允许启动钻机；

（7）清除发动机、蓄电池和散热器周围的脏物和尘土；

（8）检查定期保养项目中的润滑处，注意几个人工润滑点以及集中润滑装置中的储油量；

（9）检查水箱是否已加满水；

（10）插入钥匙并转动至钻机通电，检查燃油表，旋转油门旋钮，并停留几秒以保证发动机处于怠速状态；确定工作警示已处于工作状态。

**2. 启动发动机**

（1）鸣喇叭以提醒周围的人员；

（2）将启动钥匙插入钥匙眼中并顺时针转至 2 位（此位为上电档），电源接通，发动机仪表亮（图 4-1）。

（3）将发动机机油门手柄放到最低位置，继续顺时针转动钥匙开关至 3 位启动发动机；

（4）确认各仪表在正常范围内，几分钟后，可往上拉发动机油门手柄调至满负荷转速；

（5）在发动机工作时不许拔下启动钥匙；

（6）发动机启动后，低速运转一段时间，检查各仪表的数值是否在正常工作范围内；

（7）冷却液温度表显示在 60～100℃ 为连续运转的正常温度，若超过此区域，表示发动机过热应立即停车检查；

（8）寒冷季节柴油机的启动详见柴油机使用说明书；

（9）为了防止损坏启动器，必须做到：

① 每次操作启动马达不可超过 10s，如果发动机不能被启动，将钥匙开关转回到关的位置，等 30s 后再试；

② 在启动失败后，如不等到发动机停下便转动钥匙开关，将会损坏启动器；

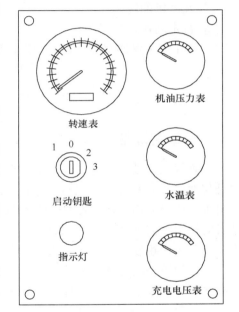

图 4-1 发动机启动面板

③ 为保护蓄电池，每次启动要有 1～2min 的间隔时间；

④ 发动机温度低时，避免高速运转；

⑤ 发动机启动后，发动机工作指示灯亮，发动机一启动，立即松开钥匙开关。

**3. 暖机运转**

钻机工作的最佳液压油温为 50～70℃，当油温在 20℃ 以下时，作急剧操作有损主机，为使油温升至 20℃ 左右，在发动机启动后要进行暖机运转。顺序为：

（1）发动机作 5min 空运转；

（2）在中速下各油缸进行空负荷的动作 5min；

（3）在额定转速下，试验行走和回转制动效果，在确认各机构正常后，方可进行作业；

（4）冬季或寒冷时要视具体情况延长暖机时间。

#### 4. 行走前的准备

（1）任何与该设备无关的人员不得攀登钻机；

（2）在移动钻机前，必须保证钻架已处于水平（纵向）状态且举升高度已被降低至允许范围，在钻架处于任何其他角度的情况下，只允许钻机进行很小地移动；

（3）在操作前，操作人员必须仔细阅读安全手册中的全部内容；

（4）用钻机行走操纵台上的操纵杆进行钻机的行走作业；

（5）在开始行驶前，请先将行走与工作切换开关转到"行走"档位，行走操纵有效；

（6）禁止在地面平整度非常差的地面上进行长距离的设备移动；

（7）行走速度取决于：

① 操纵杆的推进距离；

② 发动机的转速；

③ 行走高速选择开关；

（8）在发生意外情况时，无论发动机的转速是多少，请使用急停开关停机。

## 第二节　锚杆钻机的操作

### 一、稳定机器

为确保钻机处于稳定工作状态，在开始钻进作业前必须保证前后稳定支腿已全部伸开并且与地面接触并受力。但不允许利用稳定支腿使钻机履带完全离地并悬空于地面。为防止由于土质松软而造成的钻机下陷现象，请使用钢板做衬垫放置于稳定支腿的底部以确保钻机的稳定。需确认工作地层地质报告，根据其分布情况如为水泥硬化层、杂填土、黏土、细砂、中粗砂、卵石、中风化岩石层等具体编制施工方案，进行施工。

根据地质情况选择合适的钻具（如外套管、内钻杆、钻头等）、配套设备与工具（污水潜水泵、泥浆泵、泥浆搅拌站、储水箱、切割机、角磨机、各种工具等）。

为避免人身伤害，在开始作业前，请仔细观察钻机周围的事物并确认在钻机运动、作业的可触及范围内没有人、其他事物，必要时请按喇叭警告。

通过主操控台控制稳定支腿将钻机调整到水平状态。

### 二、试运转

钻机到达作业地点，做完一切准备工作后，启动发动机，鸣喇叭示警；稍微抬起钻架尾部，让动力头小车前进、后退，动力头正反转，认为一切正常后，即可开始作业。

在试运转时要以极慢的速度运行钻机，并且要小心的进行功能试验，防止动作失灵，避免危及人员和设备的事故安全。

### 三、钻架对位

在钻进作业开始前，请检查并确保在钻进过程中不会碰到高空电缆或地下管道等障碍物。根据钻机的特性，工地现场负责人员有责任为钻机圈定一个安全的工作范围。

在钻机没有调整到水平状态前请不要移动钻架。在开始钻进作业前必须移动钻架纵移油缸将钻架前定位插销完全顶住工作面的表面，这样可以有效地减轻起拔钻杆时的反向拉力。

钻架对位时每次只允许一个动作即操纵一根操纵杆。在移动钻臂和钻架时必须小心，以避免与钻机的其他部位或地面发生碰撞。注意在某些情况下，钻机上部分油管的位置会随着钻架位置的变动而变动，它有可能成为地面上的障碍物。

## 四、钻孔作业

1. 钻架调整好姿态后，可以进行钻孔作业。钻孔作业的动作一般为：动力头的正转、反转、冲击、进给。

2. 在钻孔作业时要根据地质情况、钻具情况调节进给压力和冲击压力，以保护钻具、获得理想的钻进效果；正确掌握钻进的速度和压力，防止发生卡钻、断杆事故。

3. 动力头的冲击频率越大，冲击能越小；针对不同地质情况调整动力头的冲击频率，可以获得更好的冲击效率；比如在钻凿软岩时，采用较高的冲击频率和较低的冲击能，其冲击效果就比高冲击能低冲击频率更好。

4. 在作业中注意防止夹持卸扣器夹手。

钻孔时，有效地冲洗排渣是很重要的。冲洗水量应足够大，并应反复抽送，直到渣土完全清空再继续钻进。夹持卸扣器前端的导向套非常重要。当导向套的内孔直径 $D$ 磨损到大于钻具外径 10mm 时，就应该更换。导向套如图 4-2 所示，$D \leq d+10$mm，$d$ 为钻具外径。

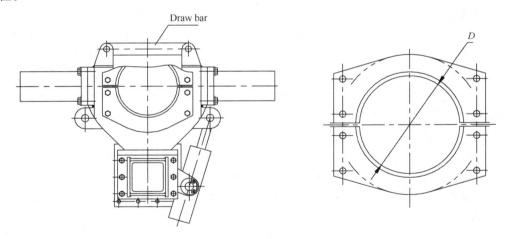

图 4-2　夹持卸扣器及其导向套

5. 操作钻机前，移动操控台的位置可根据需要进行调整：
(1) 操作人员处于最安全的工作位置；
(2) 操作人员有最良好的视野范围。

## 五、停机

1. 在停机前，请检查并确定所有的操纵杆和选择开关都已处于中位，无自动复位功能的操纵杆和选择开关除外。

2. 在停机前，操作手必须确保钻机已处于平稳状态；为避免由于地质松软或大风可能造成的钻机侧翻现象，请将钻架前定位插销插入工作面里。

3. 在无意外事件发生的情况下，请不要用急停开关停止发动机。正确的操作方法是：

（1）油门旋钮转至最左端，发动机处于低怠速；

（2）点火开关处将钥匙转至停机位置；

（3）系统工作指示灯熄灭。

4. 如发动机已经过长时间满负荷工作，停机前必让发动机怠速几分以确保发动机温度平稳下降。

## 第三节　锚杆钻机的维护保养

### 一、日常检查及其内容

**1. 日常清洁**

操作人员应始终保持钻机的外观清洁，对岩石或岩土碎块、污油、水泥或泥浆等应做到及时清理。每一班工作结束后，操作人员必须对钻机进行外部清洁工作，并且必须保持。辅助人员应帮助操作人员一起完成这项工作。特别注意，应及时清理以下部件上的岩土碎块、污油、水泥或泥浆等：动力头底座、动力头、推进系统、传动链、夹具、钻架铰接点、钻杆、钻头、螺旋钻、行走架等。

**2. 渗漏油排查**

（1）检查并排除泵、马达、多路阀、阀体、胶管、法兰等各接头处是否有渗漏；

（2）检查并排除发动机机油是否有渗漏；

（3）检查并排除管路是否有渗漏；

（4）检查发动机的油、气、水管路是否渗漏。

**3. 电气线路检查**

（1）经常检查线束对接的接插件是否有水、油，应经常保持干净；

（2）检查灯、传感器、喇叭、各开关等处的接插件及螺母是否紧固可靠；

（3）检查线束是否有短路、开断、破损等情况，应保持线束完好无损；

（4）检查电控柜内接线是否有松动，应保持接线牢靠。

**4. 油位、水位检查**

（1）检查整机润滑油、燃油及液压油油量并按规定加入新油至规定的油标指示刻度；

（2）检查组合散热器的水位并按规定加入到使用要求。

### 二、钻机的保养维护及修理周期

**1. 维护保养的目的和内容**

钻机长期使用后，会产生自然磨损和松动。作业环境恶劣，又是加剧磨损的重要因素。为了保持机器的良好性能，减少零部件磨损，延长使用寿命，必须做好维护保养工作。

维护保养的主要内容是：清洁、检查、紧固、调整、润滑、防腐和更换"十四字"保养法。

（1）清洁：随时擦洗，清除机器上的油污和尘土，保持外观清洁；同时定期清洗或更换发动机机油滤清器和液压油滤清器；

（2）检查：在钻机（主机）作业前、中、后进行常规性的看、听、摸和试操作，判断各部分是否工作正常；

（3）紧固：钻机工作过程中产生振动，使连接螺栓、销等松动，甚至出现扭断等事故，一旦发现连接松动，必须及时拧紧；

（4）调整：各零部件有关配合间隙要及时进行调节和修整，使其保持灵活可靠，如履带的张紧度、进给链条的张紧度等；

（5）润滑：根据钻机各润滑点的要求，按时加注或更换润滑油，使零件运行摩擦最小；

（6）防腐：做到防水、防酸、防潮和防火等，防止机器各部分遭到腐蚀；

（7）更换：钻机的易损零件，一旦失效应马上更换，如动力头小车的摩擦块、空滤器的纸质滤芯、O形圈、胶管等易损件。

**2. 维护保养的类型**

钻机的维护保养分为例行保养、定期保养和特定保养三种：

（1）例行保养——也叫日常保养，是在工作前、中、后进行的保养，以外部清洁、检查、紧固为重点；

（2）定期保养分一、二、三级保养，以调整、润滑、防腐或局部恢复性修理为重点；

（3）特定保养——是非经常性的保养，由钻机司机会同专业维护人员联合完成，如跑合期保养、换季保养、封存保养、视情保养和更换易损件等。

**3. 钻机技术保养安全规则**

（1）钻机计划进行技术保养前，应进行一次冲洗或擦洗，并不得在有风沙的地方进行拆卸保养；

（2）维修保养时，钻机应停在安全平坦的地方，放下工作装置，发动机停止运行，在司机座前、操作台上挂上写有"检查、维修"的牌子；

（3）不能用工作装置支起车身后维修人员到车下进行检修，若迫不得已必须借助安全块和安全柱支撑牢固；

（4）停放在斜坡上的钻机不准进行技术保养，以防溜动造成事故；

（5）运转后的液压油温度很高、压力很大，在检查油液或加油、放油和拆卸管路时，要缓慢旋松接头或堵头，待降温、降压后才能卸下，否则容易造成伤害；

（6）液压系统中的安全阀和过载阀在出厂时已经确定并已调定完，不能随便调整其值，以免因压力值设定不合理而降低整机的功效或损坏整套系统；

（7）撤换液压元件时，千万注意不能误入尘土等杂物，密封面不得损伤，不能随意用锉刀打磨密封面，管件要清洗干净后才能安装，撤换、安装软管时不能硬拉强扭；

（8）钻机中螺栓螺母很多，经常受到振动和冲击，容易松动，应经常检查，发现松动立即拧紧；

（9）保养过程中使用工具、量具、起吊设备、配件、油脂和材料等均应提前准备，以免延长保养时间，耽误使用；

（10）当拆开履带时，履带前后方向不准站人、放工具和油盆等，以防履带伸展时被压伤、压坏；

（11）技术保养级别、日期、负责司机和技工的姓名等应详细记录，以备考评保养质量。

**4. 定期技术保养**

（1）钻机每工作 50h 技术保养

1）注润滑脂；

在注润滑脂前，先清洁黄油嘴。

① 至少用 4～5bar 的压力对有标记的黄油嘴注射黄油，并直至油脂被强制溢出为止；

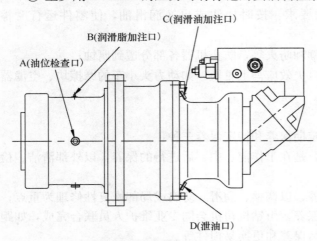

图 4-3 回转装置减速器示意图

② 至少用 4～5bar 的压力对有标记的黄油嘴注射黄油，并对其他相关部件进行运动时交替进行注油，以使润滑脂能均匀分布；

③ 推进回转装置减速器加注润滑脂时，如图 4-3 所示需通过润滑脂加注口 B。

2）检查推进回转装置减速器的油位；

① 如图 4-3 所示，清洁螺塞 A 和 C 的四周；

② 打开螺塞 A（水平位置油口或者稍高于中心线的油口）并检查有否油溢出；

③ 若无油溢出，需通过螺塞孔 B 加油。

3）检查履带行走减速器的油位；

① 如图 4-4 所示，移动钻机直至减速器箱体上两个螺塞中的一个处在水平面位置上，而另一个处在上端的铅垂位置上；

② 清洁螺塞 A 和 B 的四周；

③ 打开螺塞 A 并检查有否油溢出；

④ 若无油溢出，需通过螺塞孔 B 加油。

4）液压油滤清器的首次更换；

① 如图 4-5 所示，清洁滤清器及其螺塞的四周。液压回油系统内的油会产生高温或高压，在更换前先稍微松开滤清器，等内部的压力释放后才进行更换工作；

② 拆下螺钉 1 和壳体 3；

③ 拉出滤芯 4，并清空所有存油；

④ 装入新滤芯 5 和弹簧；

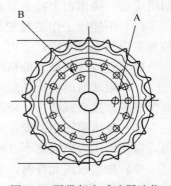

图 4-4 履带行走减速器油位
示意图

⑤ 安装壳体 3，并用螺钉 1 固定，检查油封 6 是否安装正确，如有损坏需进行更换，

同时按照当地的法定规则妥善处理废弃的滤清器。

在这个操作过程中建议同时检查液压油箱和空滤的使用情况，必要时需用压缩空气进行清洗；必要时需更换空滤。

5）先导压力过滤器的首次更换；

① 如图 4-6 所示，清洁过滤器及其螺塞的四周，在更换前先稍微松开过滤器，等内部的压力释放后才进行更换工作；

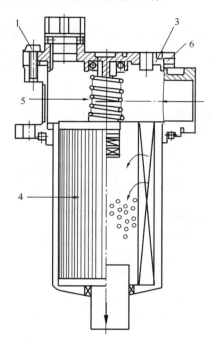

图 4-5  液压滤清器示意图

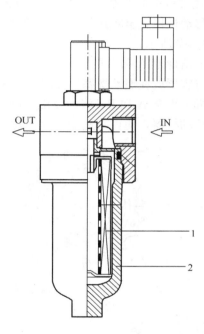

图 4-6  先导压力过滤器示意图

② 拆下壳体 2；

③ 拉出滤芯 1，并清空所有存油；

④ 装入新滤芯；

⑤ 安装壳体 2，如有损坏需进行更换，同时按照当地的法定规则妥善处理废弃的过滤器。

6）液压油散热器、发动机冷却液；

打开覆盖件并靠近散热器，检查散热片是否清洁；在必要时除掉附着在上面的垃圾并用压缩空气清洁。

7）传动链张紧度的调整。

在调节传动链的张紧度时，必须来回交替和旋紧调节螺栓，以避免动力头发生移动失衡的现象。传动链在进行润滑工作前首先清洁传动链，将滑润剂涂刷在传动链的表面（与钻架接触的表面）。通过钻架侧部的孔对隐藏在钻架内部的传动链进行润滑。

（2）钻机每工作 100h 技术保养

1）紧固钻机上的固定螺栓和螺母；

2）检查电瓶。

① 保持电瓶的外表清洁，并用凡士林涂抹在正负触头的表面，检查电解液的位置，如果太低请用蒸馏水补充；

② 建议定期检查电解液的密度：其最佳数值在 1220g/L 和 1290g/L 之间；当更换电瓶时，确保用相同技术规格的新电瓶进行更换；

③ 在保养电瓶时，请使用防护手套，并禁止吸烟。

（3）钻机每工作 250h 技术保养

1）履带行走减速器齿轮油的首次更换；

① 移动机器直至减速器盖上的两个油塞（加油/放油）中的一个处在垂直位置的下方，如图 4-7 所示；

② 清洁螺塞 A 和 B 的四周；

③ 将容器放在泄油螺塞 A 的正下方；

④ 拆下螺塞 A 和 B，将油放出，最好是在油温较高时进行这个操作；

⑤ 移动机器，使得减速器的螺塞处于如图 4-8 所示的位置上；

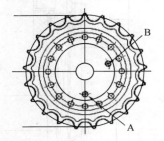 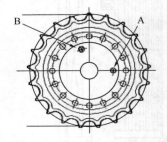

图 4-7　履带行走减速器油塞　　　　图 4-8　履带行走减速器油塞
　　　　　位置示意图　　　　　　　　　　　　　位置示意图

⑥ 从螺塞孔 B 灌入新的机油，直至螺塞孔 A 中有油流出为止；

⑦ 清洁螺塞 A 和 B 并装回原处。

必须按当地的环境保护法规处置失效的机油。

2）检查行走履带张紧度；

① 将机器停放在坚固的水平地面上；

② 清洁上部履带板；

③ 将直尺搁在没有支撑轮的两个履带板上，如图 4-9 所示；

④ 两个履带板之间的中心点和直尺的最大可允许间隙（下垂量）为 20mm，如图 4-9 所示；

⑤ 如果超出最大间隙值，请从注油口 A 处往涨紧装置挤入黄油，然后再做检查；

⑥ 如果小于间隙值，请从注油口 A 处排出黄油，然后再做检查，如图 4-10 所示。

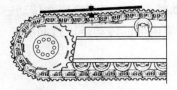 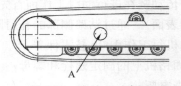

图 4-9　履带板示意图　　　　　　　图 4-10　注油口示意图

涨紧装置内的油脂带有压力，不要通过拆除黄油嘴的方式来调整张紧度。与规定下垂数值略有偏差是许可的，例如钻机在高黏性土地面上工作时，下垂量取较大数值，在岩石或高低不平的地面上工作时取最小数值。

3）更换液压油滤清器与先导压力过滤器；

参阅章节"钻机每工作 50h 技术保养"中液压油滤清器的首次更换/先导压力过滤器的首次更换，在这个操作过程中建议同时检查液压油箱和空滤的使用情况，必要时请用压缩空气进行清洗；必要时请更换空滤。

4）推进回转装置减速器齿轮油的首次更换；

① 将钻架放平，使得推进回转装置减速器水平放置；

② 如图 4-3 所示，清洁螺塞 A、C、D 的四周；

③ 将容器放在泄油螺塞 D 的正下方；

④ 拆下螺塞 C 和 D，将油放出；最好是在油温较高时进行这个操作；

⑤ 从螺塞孔 C 灌入新的齿轮油，直至螺塞孔 A 中有油流出为止（油位稍高于减速机中心线）；

⑥ 清洁螺塞 A 和 C 并装回原处。

必须按当地的环境保护法规处置失效的齿轮油。

5）常规检查；

每 250 小时，必须进行此项检查；每个工地结束后，也必须进行此项检查。

在工作期间，机器会承受高强度连续应力，它一般包括整机，尤其是：结构件部分、紧固件（螺栓、销等）、可运动部件、液压系统的部件。

如果不按时保养，超时工作可能会造成：

① 在结构件中，在重载或超载的情况下有磨损、撕裂、裂缝、断裂等现象；

② 在紧固件中，有磨损、变形、断裂、松动等现象；

③ 在运动部件中，有磨损、撕裂、断裂、松动等现象；

④ 在液压部件中，有磨损、撕裂、断裂、松动等现象。

负责钻机的相关人员或专业人员必须进行检查和验证：

① 在结构件中，确保无变形、脱焊、裂缝及磨损零件，须特别注意钻臂、钻架和所有液压油缸的紧固点；

② 在紧固件中，用规定扭矩的扭力扳手检查所有螺栓的紧固情况，或用各种正确的方法检查紧固轴销上的（螺钉、螺母、开尾销、弹性销、R 型销、插件等）；

③ 在运动部件中，检查易磨损部件是否超出规定间隙极限（滑块、导向块、滑轮等），需注油润滑的部件是否出现磨损、断裂、松动（动力头、回转头、减速器、卷扬机、中央回转接头等）；

④ 在液压部件中，无破损或断裂的部件（胶管、连接管），是否有接头松动渗漏现象。

（4）钻机每工作 500h 技术保养

1）更换燃油滤清。

按发动机使用说明书所规定的内容执行操作。

2）更换机油滤清。

按发动机使用说明书所规定的内容执行操作。

3）检查行走履带和清洁发动机冷却系统。

按发动机使用说明书所规定的内容执行操作。

4）燃油滤清器的清洗。

按发动机使用说明书所规定的内容执行操作。

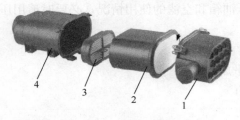

图 4-11　空气滤清器示意图

5）更换空气滤清器滤芯。

① 如图 4-11 所示，清洁滤清器表面；

② 打开旋风单元 1 的卡扣；

③ 抽出主滤芯 2，并清洁壳体 4 的内壁；

④ 装入新滤芯 2；

⑤ 安装旋风单元 1，扣上卡扣。

元件 3 为安全滤芯，在更换主滤芯或主滤芯损坏时对发动机起保护作用，除非有损坏，一般不需要更换。如有损坏需进行更换，按照当地的法定规则妥善处理废弃的滤清器。

（5）钻机每工作 1000h 技术保养

1）更换燃油细滤和燃油粗滤。

按发动机使用说明书所规定的内容执行操作。

2）蓄能器的保养。

为了使蓄能器工作正常，充气阀必须保持恒定，可用合适的仪表检查充气压力。

（6）钻机每工作 2000h 技术保养

1）更换履带行走减速器齿轮油。

参阅章节"钻机每工作 250h 技术保养"中履带行走减速器齿轮油的首次更换。

2）更换推进回转装置减速器齿轮油。

参阅章节"钻机每工作 250h 技术保养"中推进回转装置减速器齿轮油的首次更换。

3）更换液压油。

在开始更换工作前，可以让设备运转几分钟使油温升高，尽量缩回所有的活塞杆，并保持钻机稳定，准备一个足够大的容器，使它能容纳液压油箱和管路部分的液压油，将此容器放在相应的排油螺塞的下方。

① 清洁注油口的四周；

② 拆除排油螺塞并开始放油；

③ 拆除油箱底部的排油螺塞并排出所有沉积在油箱底部的液压油；

④ 清洁螺塞，并装回原处；

⑤ 注入新油直至达到标位；

⑥ 等待几分钟，让液压油充分填满所有需要供油的液压部件，例如泵、阀、吸油管等；

⑦ 启动钻机，等待几分钟后如发现液压油位下降，请补充新油；

⑧ 在换液压油时，最好同时更换滤清器；

⑨ 应按当地的环境保护法规处置废弃的机油。

4）更换冷却液。

冷却液使用 2 年，不管发动机工作多少小时，都必须更换。因为在 2 年以后，此防护性质的冷却液将会退化，按发动机使用说明书中所规定的内容执行操作。同时应按当地的环境保护法规处置废弃的机油和冷却液。

**5. 液压系统的维护和保养**

（1）液压系统保养注意事项

在液压油完全冷却后才开始保养液压系统，因为在完成操作后不久，它们会残留余热和余压；在保养被加热加压的液压装置时，热零件或油有可能突然地飞出或喷出导致严重受伤的可能，当移去螺塞或螺柱时，保持身体各部位和脸部远离它们，因为即使在冷却状态下，它们也可能被加压。

1）停机后，再扳动控制杆数次，以便从系统中释放掉残余压力；

2）避免在斜坡上检查、保养行走和回转马达回路，因为它们会被重力加压；

3）连接液压软管和管子时，注意保持密封表面无污物并避免损坏；

4）用清洗液洗涤软管、管子和油箱内部，并且在连接之前擦干净；

5）使用无损坏无缺陷的密封圈；

6）连接软管时，不可使高压软管扭曲；

7）加液压油时须使用相同牌号的油，不可混用其他牌号的油，如换用其他牌号的液压油，应彻底更换掉本机液压系统内所有的液压油；

8）不可在液压油箱无油或少油时启动发动机。

（2）系统排气

钻机首次投入使用，久停复用，维修液压系统或换油后系统都可能混入空气；在使用中管路接头松动，密封件破损或油箱中的油面过低等也会吸入空气；液压系统混入空气后，轻则引起各元件工作不稳定，重则导致气浊，损坏各液压元件；另外，液压缸还会出现爬行，产生振动与噪声，造成液压缸的过早损坏。

管道排气：钻机启动后，在空载的情况下，各执行机构正反向动作几次后，系统中的空气即可排除。

（3）液压油箱

在液压系统中，除了调节系统压力、定期检查管道的泄漏、液压元件的维护之外，保持液压系统的清洁度也是极为重要的；液压油箱作为系统油液来源地及循环油液储存地，对系统的内部清洁影响重大，因此，必须定期清洗、检查液压油箱。

（4）液压油的检查及更换

1）清洁度检查

液压油的污染情况需要定期检查。从液压油箱内取一滴油，滴在滤纸上，如果是清洁的油，在滤纸上会显示很淡的影子，如果是脏油，影子中心发黑，则表示需要更换液压油；

2）油位检查

液压系统首次工作需检查，正常工作后应经常检查油位；

3）更换液压油

首次工作 500h，以后每连续工作 2000h 或每年更换一次；若未到换油期，但在滤油器和油清洁度检查时，发现很多油污或高温工作时较长，油液已经老化也应换油。

换油方法如下：

① 将工作装置各油缸缩至极限位置，发动机停止运转，清除油箱顶部尘土，拧开油箱底部的放油孔螺堵，即可放净液压油；

② 拧下回油总管与回油过滤器之间法兰连接的螺栓，拧下油箱箱盖四周的螺栓，打开箱盖；

③ 用柴油仔细清洗干净油箱，将吸油过滤器卸下来清洗或更换，油箱盖上的回油过滤器滤芯也应拆下清洗或更换；

④ 将吸油过滤器、回油过滤器、箱盖安装复位，将回油总管与回油过滤器之间法兰连接的螺栓拧上；

⑤ 拧开回油过滤器的上盖，经过回油过滤器注入经过滤且完全符合要求的液压油，直至液面到达液温液位计上端为止；

⑥ 启动发动机，使泵低速空运转 5min 左右，反复伸缩各油缸，排出系统内的空气，若发现油箱内液面降低太多，在液温液位计里已观察不到最低油位，要再次停机加油。

在加油时，除了要用规定的油品，不能混入其他油类外，还要注意避开扬尘、风沙天气，避免因人为操作不当或外部环境因素而造成新油污染，浪费油品。另外，补油后，油位应到达液温液位计上端，但不要超过太多（不大于 20mm）。

（5）回油过滤器滤芯的清洗和更换

1）发动机熄火；

2）卸下回油过滤器的清洗盖，拔出滤芯；

3）清洗滤芯上的脏物，或更换滤芯。

（6）空气滤清器清洗和更换滤芯

根据主机作业的环境情况，应适时更换空气滤清器滤芯，更换时间最长不能超过 12 个月（或 2000h）。空气污染严重时，更应注意滤芯的污染并适时清洗、更换。

（7）液压管道

钻机管道一般采用钢管、橡胶软管等，每天应检查液压系统管道有无泄漏现象。

使用过程中如发现有缺陷的软管应立即更换相同型号、规格的软管；安装时不得划伤密封面以及使软管发生扭曲现象。

液压系统有压力的时候，不能打开管道、软管接头或者盖子，必须放下作业装置，关闭发动机。如果是刚完成作业，还需要等液压油冷却，并反复扳动各手柄并保持数秒钟以释放管路中的压力，才能开始维修；更换安装软管时，注意 O 形圈千万别搞错，密封端面切勿划伤，绝对避免扭曲软管。

（8）液压油缸

液压油缸的活塞杆应每天润滑；活塞杆的外露部分应及时清洁，一旦泥浆干结在上面，在活塞杆回缩时就会损坏密封元件。

如果活塞杆支承漏油，应由经过训练的技工来安装密封元件；维修时切勿刮伤活塞杆。

**6. 发动机的维护和保养**

（1）每日保养内容

柴油机预防性保养，是从每天了解其本身及其系统的工作状态开始，在启动之前，需先进行日常维护保养，检查机油和冷却液面，需寻找可能出现的泄漏、松动或损坏的零件、磨损或损坏的皮带以及柴油机出现的任何变化。

1）检查机油油面

检查油面高度需在柴油机停车（至少5min）后使机油充分回流到油底壳后进行，当油面低于低油面记号或高于高油面记号时，绝不允许开动柴油机。

2）检查冷却液面

打开散热器或膨胀水箱的加水口盖或液面检查口检查冷却液面。警告：须等柴油机冷却液温度降至50℃以下时，方可拧开散热器加水口盖。柴油机刚停车就立即拧开，带压力的高温水和蒸汽会喷出伤人。在添加冷却液时，要排除冷却系统中的空气。

3）检查传送皮带

检查皮带是否有纵横交叉的裂纹。用手检查皮带的张紧度。若皮带磨损或出现材料剥落应予以更换。

4）检查冷却风扇

每天都要检查风扇有无裂纹、铆钉松动、叶片松动和弯曲等毛病。应确保风扇安装可靠，必要时拧紧紧固螺栓，更换损坏的风扇。

5）排除燃油—水分离器中的水和沉淀物

应每天排除油—水分离器（如果有的话）中的水和沉淀物。打开油—水分离器或燃油滤清器底部的阀门，排除水和沉淀物，直到清洁的燃油流出为止，然后再关紧阀门。

若排出的沉淀物过多，应更换油—水分离器，必要时更换所有燃油。以免影响柴油机顺利启动。

（2）每隔250h或3个月的保养内容

在完成日常保养的基础上，再增加下列保养项目（应根据发动机使用的环境或发动机使用状况适当缩短保养周期，即使柴油机正在使用中，也无论如何不能将周期延后）：

1）更换机油和机油滤清器

柴油机使用后机油会变脏，同时机油添加剂减少，因此需定期更换机油和机油滤清器以清除悬浮在机油中的污染物。

更换步骤：

更换机油应在机油是热的和污染物在悬浮状态时放油，柴油机运转至水温达到60℃时停车，拆下放油螺塞，将机油放净；更换机油滤清器，清除机油滤清器座四周赃物。拆下旋装式机油滤清器。清洗滤清器座O型密封圈表面。

注意：安装机油滤清器前，应先用清洁的机油注满其内腔，并在密封圈表面上涂一薄层干净的机油。按机油滤清器厂的说明安装机油滤清器。

滤清器拧得过紧会引起螺纹变形或使密封圈损坏。安装放油螺塞；用清洁的机油注入柴油机至合适的油面高度；启动柴油机在怠速运行，检查机油滤清器和放油螺塞处是否漏油；停车15min让机油从上部零件流下，再检查油面高度；如有必要，再添加机油使油面高度达到高油面记号处。

2）检查进气系统

检查进气胶管是否有裂纹或穿孔，夹箍是否松动，如发现应予以拧紧或更换，确保进气系统不漏气，否则会造成柴油机损坏。

检查步骤：

检查和保养中冷器（如有）：用肉眼检查进气中冷器进出气室是否有裂纹、穿孔或其他损坏。检查中冷器管子、散热片以及焊缝是否开裂、脱焊以及其他的损坏。如果检查发现由于增压器失效或其他的原因造成机油或垃圾进入中冷器，则该中冷器必须从设备上拆下进行清洗（注意：不能用带腐蚀性的清洁剂清洗中冷器，否则会严重损坏中冷器）。

3）检查空气滤清器

空气滤清器阻力超过下列数值时，应更换空气滤清器元件：增压和增压中冷机型6.2kPa；自然吸气机型5.0kPa（空气滤清器阻力应在柴油机标定工况时检查）；如果空气滤清器装有阻力指示器，应定期检查，若红色标记已上升到检查口位置或出现阻力报警，应更换空气滤清器元件。更换完成后，将报警指示器复原。

注意：绝不允许在不带空气滤清器的情况下开动柴油机，必须滤清进气空气以防止灰尘、垃圾进入柴油机造成柴油机早期磨损。

（3）每隔500h或6个月的保养内容

在完成日常保养和前一个周期性保养项目的基础上，再增加下列保养项目：

1）更换燃油滤清器

将燃油滤清器座周围清理干净。拆洗燃油滤清器并擦干净滤清器座的密封表面；将干净的柴油注入新的燃油滤清器，并用清洁的机油润滑橡胶密封圈；按燃油滤清器制造厂的说明书安装燃油滤清器（为防止燃油泄漏，必须拧紧燃油滤清器，但不能拧得太紧，否则会损坏燃油滤清器）。

2）燃油系统放气

在燃油喷射泵的进油腔装有溢流阀时，如果按上条规定更换燃油滤清器，进入燃油系统的少量空气可以被自动排出。但出现下列情况时，燃油系统需进行人工排气：

① 在装燃油滤清器时其内腔未注满柴油；

② 更换了燃油喷射泵；

③ 初始启动或启动后柴油机没有继续运行；

④ 燃油箱中的柴油吸空；

⑤ 排气步骤：

a. 低压燃油管和燃油滤清器放气：打开燃油滤清器上的放气螺钉，按动手动泵泵油，直到放气螺钉接头流出的柴油没有空气为止，然后再拧紧放气螺钉；

b. 高压燃油管放气：松开喷油器上的高压油管接头螺母，用启动电机转动柴油机，以排放高压油管中的空气，然后再拧紧接头螺母。启动柴油机，逐根排除高压油管中的空气，直到柴油机能稳定运转为止。

3）检查防冻液

用冰点仪检查防冻液的浓度。在任何气候条件下，都有必要添加防冻液，因为加入防冻液可提高冷却液的沸点，同时又降低了其凝固点，从而扩大了柴油机运行的范围。防冻液中添加有很多对柴油机有保护作用的元素，可以延长发动机的寿命。如防冻液过少或变质，应予以添加或更换。

（4）每隔1000h或1年的保养

在完成日常保养和前述的各个周期性保养项目的基础上，再增加下列保养项目：

1）调整气门间隙

拆卸气缸盖罩，将盘车工具插入盘车孔并与飞轮齿圈啮合，用手慢慢地转动曲轴寻找第一缸压缩止点位置，用气门间隙塞规按发动机说明书中要求检查和调整气门间隙。检查和调整气门间隙时，柴油机应冷却至 60℃ 以下。在第一缸活塞上止点位置，按说明书中指定步骤检查和调整各气门间隙。拧紧摇臂锁紧螺母后，再复查各气门的间隙，其数值不应有变化。在皮带盘减震器上标记并转动曲轴 360°，然后按说明书上所示再检查和调整指定的各气门间隙，拧紧螺母后，再重复检查各气门的间隙，数值不应有变化。重新安装好缸盖罩。

2）检查皮带张紧状况

在皮带的最大跨距处测量其挠度，最大挠度不应大于发动机限值（见说明书）。

3）检查皮带、张紧轮轴承和风扇传动轴轴承

拆下传动皮带，检查皮带是否损坏；转动张紧轮，检查张紧轮轴承是否异常（张紧轮转动自如，不得有任何卡滞或径向、轴向串动现象）；转动风扇，检查转动轴轴承是否异常（转动风扇不得有振动和过大的轴向串动现象）。再重新安装好传动皮带。

（5）每隔 2000h 或 2 年的保养

在完成日常保养和前面的各个周期性保养项目的基础上，再增加下列保养项目：

1）清洗冷却系统

由于柴油机经较长时间使用后，防冻液因受热氧化变质成有机酸，对发动机有很大腐蚀性，防冻液中的沉淀物也会越来越多，从而防腐能力慢慢下降，并且产生的沉淀物会堵塞冷却液流道；此外，随着柴油机使用时间的增长，防冻液中的矿物质浓度慢慢升高，以及渗入冷却液中的机油、废气污染了冷却液，为确保柴油机冷却和防腐效果，必须顶起清洗冷却系统，两年更换和清洗一次。

2）检查扭振减振器

检查扭振减振器内圈和外圈上的刻线是否移动，若两刻线错位大于 1.6mm，则应更换该减振器。检查减振器橡胶元件是否老化。如果发现有碎片状橡胶脱落或橡胶圈低于金属表面距离大于 3.2mm，则应更换该减振垫。

**7. 配线仪表和蓄电池的维护和保养**

（1）配线仪表

各种仪表动作是否正常，接线处是否松动或有损伤，须时常检查，如有故障应立即停机修理，直至故障完全排除才能再次作业。

（2）蓄电池

1）检查或搬动蓄电池时，要把发动机停止并抽出启动钥匙。

2）检查蓄电池电解液的量，必要时可以从顶盖加适量的蒸馏水至规定的液面。

3）在对蓄电池进行充电时，要把蓄电池所有的塞子都卸下以进行通风；为避免气体发生爆炸，不要让明火或火花靠近蓄电池。另外注意，过量的充电会导致：蓄电池充电过量、减少电解液数量、损坏电极板。

4）接线柱和端子等部位脏了时，用热水清洗，然后再薄薄地涂点润滑油脂。

5）除了进行检查电解液液位或测量比重之外，当进行其他的蓄电池保养工作时都要

把电缆从蓄电池负端子断开（图4-12）。

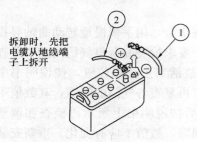

拆卸时，先把电缆从地线端子上拆开

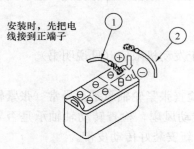

安装时，先把电线接到正端子

图4-12　蓄电池示意图

（3）电解液的比重

由电解液的比重温度可以判断蓄电池的充电率（充电量）（图4-13）。

由于电解液是酸性，会腐蚀衣服和皮肤，如果溅到衣服或皮肤上，马上用大量水冲洗；如果溅入眼中，在用干净水冲洗后，应马上请医生治疗。

（4）更换保险丝

烧断或腐蚀了的保险丝，必须立即更换，如保险丝不断地烧断，必须检查电路是否短路或过载。

注意：当用水或蒸汽气清洗机器时，电气部件必须遮盖，防止水进入电器元件。

**8. 修理类别**

修理是针对各零件或机构不同程度的损坏而采用不同方法完成的修复工作。钻机的修理一般分为小修、局部大修和大修三类。

（1）小修——钻机临时出现大故障和局部损坏，而日常保养中又无法排除时，就需要安排较短时间进行恢复性修理；

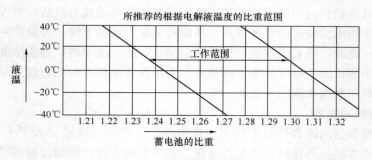

图4-13　蓄电池比重

（2）局部大修——钻机在使用过程中出现异常情况或局部损坏时，必须安排专门的修复，例如因操作不当而造成进给梁出现大的变形，或下车支重轮、链轨节损坏；因液压系统严重污染须提前换油以及钻机大修期未到而遭到重大机械事故等，一般都采用局部大修的方式处理；

（3）大修——钻机使用到一定的时间后，大部分零件因磨损、腐蚀等已经达到了极限尺寸；结构强度明显降低；液压系统严重污染；液压油老化；液压元件损坏；或不能正常工作等。这时，必须对整机进行全部解体、拆卸、换件和修复，使其恢复和基本达到原出厂的技术要求。

**9. 重要安全零件、易损件的更换**

为保证机器在作业或行驶的全部时间都安全，除了必须进行定期保养外，还应对一些主要零部件进行定期维护和更换。这是因为这些零件的材料会随着时间的推移而发生变化，或者容易磨损或老化，这些零件的情况又很难简单地通过定期保养而作出判断。所以，在经过一定时间后，不管情况如何都应更换。另外，如果在更换的时间间隔到来之前已发现这些零件有不正常的情况，则应立即进行修理或更换。

除了进行日常维护保养外，操作人员还应定期进行下列重要件、易损件的维修、更换工作：

（1）工作装置各软管总成、液压系统软管均应每 2 年或每 4000h 更换（以先到者为准），当更换软管时，要同时更换 O 形圈、密封垫和其他这类零件；

（2）在拆卸、更换主要零部件时，一定要在相关技术人员或技师指导下进行操作，或委托相关装配技工来进行维修。

为了保证机器运行可靠，重新更换的主要零部件必须是原公司备件原件或经过原公司认可的备件，特别是液压元件、软管和密封件。

**10. 特殊情况下的维修**

根据表 4-1 进行特殊情况下的维修：

特殊情况下维修表　　　　　　　　　　　　　　　　　　表 4-1

| 工　况 | 维　修 |
|---|---|
| 雨中、雪中 | 作业前：确认各连接螺栓及电气部分绝缘是否良好；<br>作业后：冲洗机械，检查螺栓螺母的松动和丢失，并尽早加油和加润滑脂 |
| 灰尘大的地方 | 1. 要清扫空滤器滤芯；<br>2. 清扫油冷器，不可让尘土堵塞；<br>3. 清扫燃油系统的滤芯和滤油器；<br>4. 要清扫干净电气部件，以防接触不良和短路 |
| 寒冷时期 | 1. 燃油和润滑油要使用质量好、黏度低的油品；<br>2. 蓄电池尽早完全充电，以防电解液结冰；<br>3. 柴油机（详见柴油机使用说明书） |

# 第四节　常见故障的诊断

无论怎样小的损坏或故障，如不立即处理而继续作业，都可能引起机器的致命损坏或故障，从而带来修理经费和时间的巨大浪费。因此，不管在任何情况下，一发现反常状态，就要立即停机处理，确认原因，进行维修、调整排除故障。故障有时是很多种原因导致的，单凭经验是不够的，必须根据故障原因系统地进行分析、查找，定对策，切不可蛮干。

## 一、液压系统常见故障的诊断与排除

### 1. 故障检测常用工具

检测钻机液压系统故障常用的工具有：压力表（0～4MPa），压力表（0～25MPa），压力表（0～60MPa），测压软管（$L=3$m）2 根，电器万用表，常用内六角扳手 1 套，常用扳手，封堵马达和泵出口的堵片等。

**2. 液压系统常见故障的诊断与排除见表 4-2 所列。**

液压系统常见故障原因及排除措施 表 4-2

| 故障现象 | 故障原因 | 排除措施 |
|---|---|---|
| 系统压力低或没有压力，动作缓慢无力 | 发动机输出功率太小 | 调整发动机 |
| | 联轴器损坏 | 更换 |
| | 泵污染、损坏 | 清洗、修理、更换 |
| | 油箱液面太低 | 加同种液压油 |
| | 多路换向阀阀芯位置不对 | 调整阀芯位置 |
| | 多路阀上的溢流阀调定压力变低 | 调整、修理各溢流阀 |
| | 液压马达或油缸外漏严重 | 拆检、更换 |
| | 吸油管路密封不好，进气 | 检查修理、放气 |
| | 管路裂纹、损坏 | 更换 |
| | 先导泵故障 | 修理、更换 |
| | 先导系统溢流阀调定压力不良 | 调整 |
| | 油箱油位太低 | 加油 |
| 压力或流量不稳定 | 发动机转速不稳定 | 调整发动机 |
| | 泵内泄漏过大，污物堵塞，吸入空气过多 | 检修、更换、排气 |
| | 油箱中油液含大量气泡 | 修复 |
| | 多路换向阀阀芯定位不稳定 | 修理、排气 |
| | 溢流阀开启有不正常的振动 | 修理、更换 |
| | 吸油管路密封不良，进气 | 修理、更换 |
| | 管路系统中有空气 | 放气 |
| | 液压马达或油缸排气不彻底 | 排气 |
| 液压油温度过高 | 油箱油位太低，油黏度太低 | 加油、更换 |
| | 泵内部磨损严重，间隙过大，泄漏严重 | 检修、更换 |
| | 多路换向阀内漏严重 | 检修 |
| | 液压泵、液压马达漏损严重 | 修复、更换 |
| | 溢流阀封闭不严，溢流损失过大 | 修复、更换 |
| 异常噪声 | 油箱油位太低，油液中含有水分或空气过多，油温低，黏度大 | 加油，换油或排气 |
| | 泵密封失灵，吸入空气，泵内零件损坏 | 修复、排气、更换 |
| | 多路阀密封不严，进气 | 修复、排气 |
| | 吸油管进气 | 修复、排气 |
| | 管路进气 | 修复、排气 |
| | 马达内部旋转体损坏 | 检修、更换 |
| | 发动机轴承损坏 | 检修 |
| | 联轴器损坏 | 更换 |

续表

| 故障现象 | 故障原因 | 排除措施 |
|---|---|---|
| 油缸无动作或动作缓慢 | 对应先导阀故障 | 修理 |
| | 油缸油封损坏 | 更换 |
| | 对应溢流阀损坏 | 修理、更换 |
| | 多路阀内漏严重 | 修理、与相关服务部联系 |
| 行走装置不运转或运转缓慢 | 操纵的先导阀故障 | 修理 |
| | 对应的换向阀及其制动阀故障 | 与相关用户服务部联系 |
| | 液压马达故障 | 与相关用户服务部联系 |

## 二、发动机常见故障的诊断与排除

**1. 故障排除工作程序**

为能顺利排除故障、缩短排除故障时间，需遵循下列工作程序：

（1）着手排除故障之前，先了解故障细节：如故障前柴油机工作条件——负载情况、海拔高度、环境灰尘状况；故障性质——逐渐恶化还是突然发生的，或者是间歇性出现的、是否在更换燃油或机油后发生等；故障现象——排气色、冷却液温度和消耗情况以及有无泄漏、机油温度和消耗情况以及有无泄漏、燃油消耗情况、柴油机噪声情况等；冷却液是否污染，如有机油、铁锈、凝固的沉淀物等，机油是否污染，如水、燃油等，柴油机振动情况等；

（2）对故障进行严密而系统的分析；

（3）把故障的征兆与柴油机系统和基本零部件建立有机的联系；

（4）把最近的维修或修理与目前的故障相联系；

（5）在开始拆检柴油机前要严格检查；

（6）排除故障首先从最容易和最明显的问题着手；

（7）确定故障原因并进行彻底的修理；

（8）修理结束后，开动柴油机运转证实故障已经排除。

**2. 发动机常见故障的诊断与排除见表 4-3 所列。**

柴油机常见故障原因及排除措施 表 4-3

| 故障现象 | 故障原因 | 排除措施 |
|---|---|---|
| 柴油机不能启动或启动困难 | 燃油箱无油 | 加油 |
| | 燃油初滤器滤网堵塞 | 清洗滤网 |
| | 在冬天燃油由于石蜡析出被堵 | 更换滤清器，用冬季燃油 |
| | 燃油管泄漏 | 检查燃油管接头密封性，必要时扭紧管接头或更换 |
| | 蓄电池充电不足 | 充电或更换 |
| | 蓄电池接线柱脱落松动，腐蚀 | 清洗、紧固、更换 |
| | 柴油机机油黏度过高 | 更换黏度合适的机油 |
| | 燃油混入空气 | 排气 |
| | 空滤器堵塞 | 清扫或更换空气滤芯 |
| | 操作是否正确 | 正确操作 |

续表

| 故障现象 | 故障原因 | 排除措施 |
|---|---|---|
| 柴油机功率不足工作不正常 | 燃油流量太小 | 更换、清洗滤网 |
| | 柴油机加速器手柄不在工作位置 | 调整 |
| | 空滤器堵塞 | 清洗、更换滤芯 |
| | 进、排气管不密封 | 紧固、更换 |
| | 排气背压大 | 清扫、更换排气管或消音器 |
| | 燃油箱加油空气滤堵塞 | 清洗、更换 |
| | 燃油中有空气 | 排气 |
| | 燃油滤清器或管路堵塞 | 排除堵塞 |
| | 燃油温度太高 | 降低燃油温度 |
| | 喷油量太小 | 调整油量 |
| 柴油机温度过高 | 柴油机散热片很脏 | 清洗 |
| | 冷却风扇的冷却风量不够 | 使进风道流畅 |
| | 冷却风扇转速太慢 | 调整 |
| | 风扇皮带是否松动、损坏 | 调整或更换皮带 |
| | 排气背压大 | 清洗排气总管或消音器，更换已损坏零件 |
| | 机油油位太高或太低 | 修整油位 |
| 柴油机燃油消耗过快 | 燃油漏损 | 检查、修理 |
| | 空滤器堵塞 | 清扫或更换滤芯 |
| | 进气系统橡胶管管夹松动，橡胶管松动 | 紧固或更换 |
| | 柴油机长期在低负荷下工作 | 避免长期怠速 |
| | 机油油位太高 | 降低机油油位至规定 |
| | 选用机油不对 | 用正确的机油 |
| | 发动机倾斜位置太大 | 至柴油机允许倾角 |
| | 机油漏损 | 检查、修理 |
| | 长期未更换机油 | 按期更换 |
| | 未暖机作业 | 按规定操作 |
| 柴油机冒黑烟 | 进气温度高 | 降低进气温度 |
| | 空滤器堵塞 | 清扫或更换滤芯 |
| | 进排气管不密封 | 拧紧、密封 |
| | 排气背压大 | 清洗排气总管或消音器，更换损坏的部件 |
| | 增压器的压气机脏污 | 清洗 |
| | 气门间隙不对 | 调整气门间隙 |
| | 机油油面太高 | 将机油降到规定刻度 |
| 柴油机冒蓝烟 | 柴油机长期在低负荷下工作 | 避免长期怠速 |
| | 机油油位太高 | 降低油位至规定刻度 |
| | 曲轴箱呼吸器坏了 | 调整曲轴箱压力、修复 |
| | 增压器密封不严，机油窜入 | 修复、更换 |

| 故障现象 | 故障原因 | 排除措施 |
|---|---|---|
| 柴油机油压太低 | 机油油位太低 | 补充油量 |
| | 机油黏度和质量不对 | 先用正确机油 |
| | 机油滤清器堵塞 | 清洗、更换滤芯 |
| | 机油散热器脏了 | 清洗 |
| | 柴油机倾斜位置太大 | 调整机器到允许的倾斜位置范围 |
| 柴油机容易熄火 | 空转速度过低 | 提高空转速 |
| | 燃油滤清器堵塞 | 清洗或更换滤芯 |
| | 空滤器堵塞 | 清扫成更换滤芯 |
| | 燃油系统内进入空气 | 排气 |
| | 输油泵不工作 | 清理、修复 |
| | 燃油质量差，含水多 | 更换燃油 |

## 三、其余部分常见故障的诊断与排除

其余部分常见故障的诊断与排除见表 4-4 所列。

其余部分常见故障的诊断与排除　　　　　　　　　　　表 4-4

| 故障现象 | 故障原因 | 排除措施 |
|---|---|---|
| 单一油缸无动作或动作缓慢 | 对应阀故障 | 修理 |
| | 油缸油封损坏 | 更换 |
| | 对应溢流阀损坏 | 修理 |
| 动力头齿轮啮合声音异常 | 润滑油不清洁或老化 | 过滤或更换 |
| | 润滑油油位过低 | 加注润滑油 |
| | 齿轮磨损严重或断齿 | 更换 |
| | 轴承磨损严重 | 更换 |
| 电气仪表无信号 | 仪表坏 | 修理或更换 |
| | 对应保险丝断 | 更换 |
| | 线路接触不良或断路 | 修理 |
| 一条履带不回转或转动缓慢（行走严重偏斜） | 操纵的先导阀故障 | 修理 |
| | 对应的主阀故障 | 与相关公司服务部联系 |
| | 中央接头油封损坏 | 更换油封 |
| | 液压马达故障 | 与相关公司服务部联系 |
| | 行走减速机故障 | 检修行走减速机 |

# 第五章 安全与防护

## 第一节 基本安全要求

### 一、与"人"相关基本要求

**1. 操作人员必备条件**

（1）操作人员接受专业培训并已被证明合格，具备岗位操作能力，经作业现场主管方审核和主管人现场授权，履行安全交底和技术交底程序后，方可入场作业和上机操作。操作者应熟悉现场所操作机型的随机手册及其安全要求，熟知其机械原理、保养规则、安全操作规程，并要按规定严格执行。

（2）严禁酒后或身体有不适应症、职业健康条件不足、从业准入要件不全时进行操作。

（3）在操作机器时，务必穿戴适合于工作的紧身服、安全帽、工作皮鞋等相关的安全防护用品（如：防护耳塞、手套、防护眼镜、安全带等）。

（4）只有专业技术人员和售后服务人员才能检查、维修、保养钻机。

**2. 操作人员安全注意事项**

（1）始终保持行走倒车报警器与喇叭处于工作状态，当机器开始移动时，鸣笛并警告周围人员。

（2）操作时无关人员应远离工作区域，不要改造和拆除机械的任何零件（除非有维修需要）。

（3）为了保护操作人员和周围的人员安全，机械应装备落物保护装置、前挡、护板等安全设备，保证每个设备均固定到位且处于良好的工作状态。

（4）时刻警惕有无旁人进入工作区域，在移动机器运行过程前，用喇叭或其他信号警告旁人，在倒车时，如果操作人员的视线被挡，使用信号员，用符合当地规定的手信号，只有在信号员和操作者都清楚地明白信号时，才能移动机器；在倒车、转弯或作业时，尽量避免有人在机器附近，防止他人被机器撞倒或压倒，造成严重的伤亡事故。

### 二、钻机安全注意事项

**1. 一般危险信息**

（1）对钻机进行任何维护、保养和修理之前，必须在机器的启动开关、操纵杆和操作面板上悬挂提示"不得启动发动机"的警告牌或类似的标示物，以警示操作人员；

（2）要知道设备的宽度，以便在操作时，使设备与附近的栅栏或边界障碍物之间保持一个适当的间距；

（3）应知道地下埋设的高压线和电缆的位置；如果机器与这些危险物接触，产生触电会造成严重的伤亡事故；

（4）根据工作条件的需要，带上安全帽、防护眼镜和其他保护装备；要穿戴适合工作的头盔、护目镜和安全工作服；

（5）噪声大于 70 分贝，需要佩戴护耳；

（6）不能穿薄质宽松式的服装，不能佩戴可能挂在控制手柄或其他钻机零部件的珠宝饰物；它们可能会挂在操纵杆上或机器的其他零件上；

（7）确保钻机所有的防护设施，如机罩、盖板、防护罩等完整无误地安装在机器上固定就位；

（8）保持机器上没有杂物；要清除钻机上，特别是回转平台和踏板上所有障碍物，如碎石、油脂、工具和其他不属于机器组成部分的物体；

（9）固定好所有散放的东西，如饭盒、工具和其他不属于机器的东西；

（10）熟悉适用的工地指挥手势，并知道由谁发出的；只接受一个人发出的指挥手势；

（11）不要将保养中排出的液体放在玻璃容器内，要将所有的液体排放到适当的容器内；

（12）按照所在当地的法规来处理所有废弃的液体；

（13）使用各种清洗液时要小心防火；

（14）除非另有规定，请将设备放置在保养位置上再进行保养；

（15）需要作任何修理都必须及时通报维修保养责任人；

（16）维护钻机必须遵循安全规程；

（17）未使用时，机器要放置在平坦坚实的地面上；所有控制器必须置于"停止"状态；启动钥匙置于"0"位，确保发动机熄火，把钥匙从启动开关取出；长时间停车最好将蓄电池的（＋）引线拆下来。

**2. 截留压力**

压力可被截留在液压系统中，释放截留压力时可能会引起机器或钻机的突然移动。在断开液压管路或接头时要更加小心。释放出的高压油会使软管甩动，释放出的高压油会引起油液喷射造成严重伤害。

**3. 盛装溢出的液体**

在进行检查、保养、实验、调整和修理机器时，要多加小心，以确保液体不会溢出。在打开任何箱体或拆开任何装有液体的部件前，要准备好适当的容器以便收集液体。

**4. 正确处理废弃物**

（1）不正确处理废弃物会污染环境；按照当地的法规处理有潜在危险的液体；

（2）当排放液体时，应使用防漏容器；不准将废液倾倒在地面上，下水道中或任何水源内；

（3）谨防设备坠落及其他机械伤害；

（4）在设备作业时，设备的支撑必须牢靠。

**5. 防止烫伤**

不要触摸正在工作中的发动机的任何零件。在对发动机进行任何保养前，请先让发动机冷却。在拆除任何管子、接头或相关零件之前，请先释放液压系统、润滑系统、燃油系统以及冷却系统中的全部压力。

### 6. 油液

（1）高温油及高温机件能造成人身伤害；勿使皮肤直接接触高温油，勿使皮肤直接接触高温机件；

（2）只有当发动机停止后，才可以排放液压油；

（3）在工作温度下，液压油箱里油液具有很高的温度；只有在发动机熄火后并充分冷却后，才能用手拧开油箱加油盖，加油盖必须冷却到可以用赤手触摸，遵照标准程序卸下液压油箱加油盖。

### 7. 蓄电池

（1）电解液是一种强酸；电解液能造成人身伤害；不要让电解液与皮肤或眼睛接触；

（2）防止失火和爆炸；

（3）所有的燃油、润滑剂和某些冷却液的混合物都是易燃品；

（4）易燃的液体一旦泄漏在灼热表面或电气元件上会引起火灾，火灾可能会造成人身伤害和财物损失；

（5）清除机器上各种易燃物如燃油和碎屑；机器上不许堆积易燃物；

（6）把燃油和润滑剂存放在标记妥当的容器内，无关人员不得接近；把油抹布和其他易燃物放在防护容器内；不要在存放易燃品区内吸烟；在加燃料时，严禁吸烟；

（7）不准在有易燃液体的管道和箱体上焊接和火焰切割；如果确实要对这些管道或箱体焊接或火焰切割，则在作业之前，用阻燃物或阻燃的溶液、溶剂对它们进行彻底清洗；

（8）所有电路接点要清洁，联结要牢靠；

（9）每日必须检查所有电缆、电线是否有松脱、断开或破损；在启动机器之前，要通过紧固、修理或更换等方法，上紧所有松动的电线，修复破损的电线；清洁并拧紧所有电气接头；使电缆、电线工作可靠；

（10）钻机要远离明火；

（11）检查所有管路和软管有无磨损或损坏，软管必须正确布置，金属管路和软管必须有合适的支撑和牢靠的管夹，用推荐的扭矩紧固所有的接头；

（12）机器再次加燃油时，一定要小心，机器加油时，不准吸烟，不准在靠近明火或火花的地区加油，再加油前，必须停止发动机，在户外加注燃油；

（13）蓄电池放出的气体可能产生爆炸，让蓄电池的顶部远离明火或火花区，不准在蓄电池充电区域内吸烟；

（14）决不能用在接线柱之间放置金属物体的方法，来检查蓄电池充电情况，使用电压表或液体比重计来检查；

（15）不正确的连接、跨接电缆会造成爆炸，导致人身伤害；

（16）不要对冻结的蓄电池充电，因为会造成爆炸；

（17）根据钻机功率大小，每台钻机至少要配备一个灭火器，且灭火剂质量不小于5kg。

① 灭火器的安置

灭火器应放置于操作者容易拿取处，灭火器的安装应保证不需要工具就可从托架上取下，若有一个以上的灭火器，应分别放置在锚杆钻机的不同侧面，灭火器不应放置在火灾易发区域，如电源、燃油箱附近，而应当放置在操作者和火灾易发区域之间；

② 使用方法

要按照贴在灭火器上的说明书按期进行严格的检查和保养。

**8. 金属管道和软管**

（1）不要弯曲或猛击输送高压液体的管子，不准安装弯折、扭曲或破损的管子；

（2）要及时修复被拉伸的、松动或损坏的管子，泄漏的燃料和油液能造成火灾；

（3）认真仔细地检查所有金属管道和软管，以推荐的扭矩拧紧所有的接头、连接件，如果存在下列任一情况，必须尽快更换零件：

① 端接头损坏或泄漏；

② 软管外皮擦破或割裂；

③ 外部保护层被钢丝、电线划破或扎坏；

④ 外部保护层局部膨胀；

⑤ 软管上有压裂和扭曲痕迹；

⑥ 内部的骨架损坏了外部的保护层；

⑦ 端接头错位；

⑧ 确保所有管夹、防护罩都安装正确，以防止机器工作时发生振动、零件相互摩擦及过热。

**9. 履带张紧**

履带调节系统使用高压润滑脂，来使履带保持张紧。

**10. 防止雷电伤害**

当在机器附近发生闪电雷击时，操作人员决不允许上下机器；如果有雷电时应站在远离机器的地方。

**11. 上、下钻机**

（1）只能在有扶手处登上和走下机器，登上机器前应清洁扶手，检查阶梯和扶手，进行任何必要的维修；

（2）无论登上机器或走下机器，都要面对机器；

（3）与扶手要保持三点接触（注：三点接触可以是两脚一手，也可以是一脚两手）；

（4）无论是上车还是下车，都要面向钻机用手抓牢扶手；

（5）机器行驶时或转动时决不能登上机器或离开机器，不能从机器上往下跳；

（6）不要在上、下机器时携带工具或供给物品；

（7）在登上或离开驾驶位置时，不要把任何操纵杆当作扶手。

# 第二节 工作过程安全要求

## 一、发动机注意事项

### 1. 发动机启动前

（1）只有机手才能启动发动机，决不能通过搭接起动接线柱或蓄电池及短接发动机启动端子的方法启动发动机，否则会严重损坏电气设备；

（2）施工场地必须保证有良好的照明系统，并调整好灯具；

（3）在启动发动机或开动机器之前，应确保机器的上下方及其附近无人工作。

**2. 发动机的启动**

（1）如果发动机启动开关或控制操纵杆上悬挂了"不许启动机器"的标牌或类似的标示物，及附有警报标志的，不得启动发动机、按按钮、扳动任何控制操纵杆或推动任何控制器；

（2）在启动发动机前，确保所有液压操纵杆处于中位上，特别是动力头正反转操纵杆；

（3）发动机怠速运转严禁超过10min；

（4）在发动机工作时不许拔下启动钥匙；

（5）寒冷季节柴油机的启动详见柴油机使用说明书。

**3. 发动机的停机**

（1）注意：除紧急停机外，发动机不得从满负荷工况突然停车，应在卸载后经短时间空转使温度平衡后再停车；

（2）只有在紧急情况下才能启动紧急停机按钮；

（3）停机后应拔出钥匙。

## 二、作业注意事项

**1. 钻机操作前注意事项**

（1）请所有人员离开机器和附近地区；

（2）清除钻机运行通道上的所有障碍物；

（3）特别要注意电缆沟、回填土等危险场地和其他复杂地形；

（4）特别要注意头顶上方有无坠落物危险；

（5）确保机器上的喇叭和一切警报装置工作正常；

（6）在操作机器前，预热发动机和液压油；

（7）慢慢地向前移动钻机到无人、无障碍物的区域，检查所有的控制器和安全设备的运行是否正常；

（8）务必遵守一切安全操作措施；

（9）为防止飞溅物伤人，确保所有无关人员离开作业区；

（10）当对工作器械进行任何保养、测试或调整时，请远离下列工作区域：动力头、夹紧表面和挤压表面。

**2. 操作钻机注意事项**

（1）只能在发动机运转时操作各种操纵杆；

（2）让机器在开阔地上缓慢地行驶，检查行走机构的工作是否正常；

（3）当机器行驶时，特别是钻机在不平地面或岩石地面上行走时，桅杆可能会上下或左右摆动；要注意进给梁的摆动范围，不得超过后部支撑架的限定范围；

（4）开动机器前，驾驶员要确认没有人在危险区域，应确保不会对任何人发生危险；

（5）当降低进给梁时，要确保进给梁不会撞到人员或物品；

（6）在进行作业的时候，要随时注意故障征兆，并及时处理；

（7）报告在操作时注意到的任何机器损坏，并进行所有必要的修理；

（8）驾驶机器时，不要将机器开近突出物、悬崖峭壁边缘和挖掘地区的边缘，要使机器与悬崖、峭壁或崩塌的地方保持安全的距离；

（9）当钻机因动力头加压钻进或提起钻头引起机身过度抬起时，要立即停止操作；

（10）要小心避免任何可能引起机器倾翻的地面情况；

（11）在山腰、斜坡或斜面上工作，或者横越沟垄或遇到其他障碍物时，要防止钻机倾翻；

（12）防止钻机失控，确保钻机工作不超过它的额定工作能力超负荷作业；

（13）不要在坡地上改变行驶方向，否则会导致机器翻车或侧滑；

（14）关于距离障碍物的最小距离，请核查国家和地方的法规（作为安全措施，有时地方性法规或施工现场规定的安全距离比通常要求的更大）；

（15）在操作机器前，要检查当地公用事业部门的地下管道和埋设电缆的位置；

（16）应知道机器最大尺寸，使用的钻机最大高度和最大宽度；

（17）钻竖直孔时，要及时盖住已钻孔的孔口，并竖立警告牌提醒行人；

（18）钢丝绳与吊钩、钢丝绳连接体的连接必须严格遵守起重机运输行业的相关法则。

**3. 钻机作业时的坡度**

（1）机手应了解钻机工作时的允许坡度，包括纵向坡度和横向坡度，不可在超出范围的坡度上工作。

（2）当地面有允许的纵向坡度时，调节履带摆动油缸使上机部分水平。

（3）上述地面坡度仅对坚实、不易坍塌的地面；如果地面状态很差或很松软，不允许在坡度上作业。

（4）预定在坡度大于20°的斜坡上作业和行走的锚杆钻机应配备卷扬机，以防止锚杆钻机滑下斜坡。

## 三、钻机行驶和移动注意事项

**1. 钻机可通行的坡度**

机手应了解钻机在非工作状态下可通行和停留的坡度，包括纵向坡度和横向坡度，不可在超出范围的坡度上行走和停留。

**2. 下坡行驶时不要突然减速，在通过坑洼不平的地面前要勘察坡度**

**3. 钻机在松软地面上行驶或作业时要特别谨慎小心，如果地面松软、易下陷时，要在履带下面铺垫木板或钢板**

**4. 通过桥梁和隧道**

（1）要通过桥梁和隧道时，应确认桥梁的最大负载大于钻机的最大重量，隧道许可通过的尺寸要大于钻机的尺寸。

（2）用拖挂车在公路上运输钻机时，要按正确规定的方法把钻机开到或吊到车上并固定好，注意通行道路的限高是否满足要求。

**5. 移动进给梁已竖起的钻机**

在移动进给梁已竖起的钻机时，要确认进给梁扫过的空间没有高压线、电话线等空中障碍。

## 四、机器停放注意事项

（1）机器应停放在水平地面上，如果停在坡地上，应楔住机器的履带，或放置防止溜车的器物。

（2）确认非工作状态机器的接地比压，确认地面的承压能力足够。

（3）使钻机上的所有部件处于卸载和稳定状态。

（4）绝对禁止在停置的钻机上悬挂负载。

图 5-1 为钻机标准的停放状态，图 5-2 为钻机允许的贮存状态。

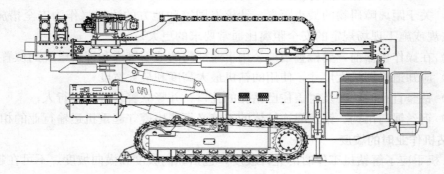

图 5-1　钻机标准停放状态

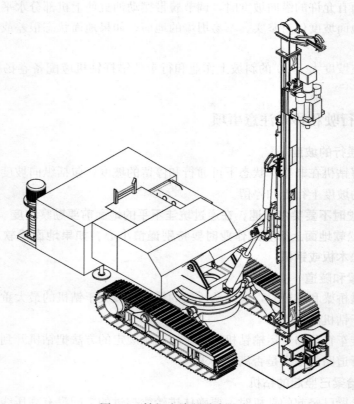

图 5-2　钻机允许的贮存状态

### 五、高原使用注意事项

机器在海拔高度不小于 2500m、温度不小于 40℃ 使用时，因空气逐渐稀薄，柴油燃烧不完全，发动机功率会损失 10％以上。此时发动机会冒黑烟，燃油嘴可能会因积炭过热而烧裂，因此需经常对其除炭。

在高原上使用时，要对发动机的进气系统经常进行保养，防止发动机过载。

# 附录一  施工现场常见标志与标示

住房和城乡建设部发布行业标准《建筑工程现场标志设置技术规程》JGJ 348—2014，自 2015 年 5 月日起实施。其中，第 3.0.2 条为强制性条文，必须严格执行。

施工现场安全标志的类型、数量应根据危险部位的性质。分别设置不同的安全标志。建筑工程施工现场的下列危险部位和场所应设置安全标志：

(1) 通道口、楼梯口、电梯口和孔洞口。

(2) 基坑和基槽外围、管沟和水池边沿。

(3) 高差超过 1.5m 的临边部位。

(4) 爆破、起重、拆除和其他各种危险作业场所。

(5) 爆破物、易燃物、危险气体、危险液体和其他有毒有害危险品存放处。

(6) 临时用电设施和施工现场其他可能导致人身伤害的危险部位或场所。

根据现行《建筑工程安全生产管理条例》的规定，施工单位应当在施工现场入口处、施工起重机械、临时用电设施、脚手架、出入通道口、楼梯口、电梯井口、孔洞口、桥梁口、隧道口、基坑边缘、爆破物及有害危险气体和液体存放处等危险部位，设置明显的安全警示标志。

施工现场内的安全设施、设备、标志等，任何人不得擅自移动、拆除。因施工需要必须移动或拆除时，必须要经项目经理同意后并办理相关手续，方可实施。

安全标志是指在操作人中容易产生错误，易造成事故的场所，为了确保安全，所设置的一种标示。此标示由安全色、几何图形复合构成，是用以表达特定安全信息的特殊标示，设置安全标志的目的，是为了引起人们对不安全因素的注意，预防事故发生。安全标志包括：

(1) 禁止标志：是不准或制止人们的某种行为（图形为黑色，禁止符号与文字底色为红色）。

(2) 警告标志：是使人们注意可能发生的危险（图形警告符号及字体为黑色，图形底色为黄色）。

(3) 指令标志：是告诉人们必须遵行的意思（图形为白色，指令标志底色均为蓝色）。

(4) 提示标志：是向人们提示目标和方向。

安全色是表达安全信息的颜色，表示禁止、警告、指令、提示等意义，其作用在于使人能迅速发现或分辨安全标志，提醒人员注意，预防事故发生。安全色包括：

(1) 红色：表示禁止、停止、消防和危险的意思。

(2) 黄色：表示注意、警告的意思。

(3) 蓝色：表示指令、必须遵守的规定。

(4) 绿色：表示通行、安全和提供信息的意思。

专用标志是结合建筑工程施工现场特点，总结施工现场标志设置的共性所提炼的，专用标志的内容应简单、易懂、易识别；要让从事建筑工程施工的从业人员都准确无误地识别，所传达的信息独一无二，不能产生歧义。其设置的目的是引起人们对不安全因素的注意并规范施工现场标志的设置，达到施工现场安全文明。专用标志可分为名称标志、导向标志、制度类标志和标线4种类型。

多个安全标志在同一处设置时，应按禁止、警告、指令、提示类型的顺序、先左后右，先上后下地排列。出入施工现场遵守安全规定，认知标示，保障安全是实习阶段最应关注的事项。学员和教员均应注意学习施工现场安全管理规定、设备与自我防护知识、成品保护知识、临近作业和交叉作业安全规定等；尤其是要了解和认知施工现场安全常识、现场标志，遵守管理规定。

常见标准如下：

《安全色》GB 2893—2008；

《安全标志及其使用导则》GB 2894—2008；

《道路交通标志和标线》GB 5768—2009；

《消防安全标志设置要求》GB 15630—1995；

《消防应急照明和疏散指示系统》GB 17945—2010；

《建筑工程施工现场标志设置技术规程》JGJ 348—2014；

《建筑机械使用安全技术规程》JGJ 33—2012；

《施工现场机械设备检查技术规程》JGJ 160—2016。

《消防安全标志第1部分：标志》GB 13495.1—2015。

根据现行《建设工程安全生产管理条例》的规定，施工单位应当在施工现场入口处、施工起重机械、临时用电设施、脚手架、出入通道口、楼梯口、电梯井口、孔洞口、桥梁口、隧道口、基坑边沿、爆破物及有害危险气体和液体存放处等危险部位，设置明显的安全警示标志。安全警示标志必须遵照现行国家标准。本条重点指出了通道口、预留洞口、楼梯口、电梯井口、基坑边沿、爆破物存放处、有害危险气体和液体存放处应设置安全标志，目的是强化在上述区域安全标志的设置。在施工过程中，当危险部位缺乏相应安全信息的安全标志时，极易出现安全事故。为降低施工过程中安全事故发生的概率，要求必须设置明显的安全标志。危险部位安全标志设置的规定，保证了施工现场安全生产活动的正常进行，也为安全检查等活动正常开展提供了依据。

## 第一节　禁　止　类　标　志

施工现场禁止标志的名称、图形符号、设置范围和地点的规定见附表1-1。

禁止标志　　　　　　　　　　　　　附表1-1

| 名称 | 图形符号 | 设置范围和地点 | 名称 | 图形符号 | 设置范围和地点 |
|---|---|---|---|---|---|
| 禁止通行 | 禁止通行 | 封闭施工区域和有潜在危险的区域 | 禁止停留 | 禁止停留 | 存在对人体有危害因素的作业场所 |

| 名称 | 图形符号 | 设置范围和地点 | 名称 | 图形符号 | 设置范围和地点 |
|---|---|---|---|---|---|
| 禁止跨越 | 禁止跨越 | 施工沟槽等禁止跨越的场所 | 禁止吸烟 | 禁止吸烟 | 禁止吸烟的木工加工场等场所 |
| 禁止跳下 | 禁止跳下 | 脚手架等禁止跳下的场所 | 禁止烟火 | 禁止烟火 | 禁止烟火的油罐、木工加工场等场所 |
| 禁止乘人 | 禁止乘人 | 禁止乘人的货物提升设备 | 禁止放易燃物 | 禁止放易燃物 | 禁止放易燃物的场所 |
| 禁止踩踏 | 禁止踩踏 | 禁止踩踏的现浇混凝土等区域 | 禁止用水灭火 | 禁止用水灭火 | 禁止用水灭火的发电机、配电房等场所 |
| 禁止碰撞 | 禁止碰撞 | 易有燃气积聚，设备碰撞发生火花易发生危险的场所 | 禁止攀登 | 禁止攀登 | 禁止攀登的桩机、变压器等危险场所 |
| 禁止挂重物 | 禁止挂重物 | 挂重物已发生危险的场所 | 禁止靠近 | 禁止靠近 | 禁止靠近的变压器等危险区域 |

| 名称 | 图形符号 | 设置范围和地点 | 名称 | 图形符号 | 设置范围和地点 |
|---|---|---|---|---|---|
| 禁止入内 | 禁止入内 | 禁止非工作人员入内和易造成事故或对人员产生伤害的场所 | 禁止启闭 | 禁止启闭 | 禁止启闭的电气设备处 |
| 禁止吊物下通行 | 禁止吊物下通行 | 有吊物或吊装操作的场所 | 禁止合闸 | 禁止合闸 | 禁止电气设备及移动电源开关处 |
| 禁止转动 | 禁止转动 | 检修或专人操作的设备附近 | 禁止堆放 | 禁止堆放 | 堆放物资影响安全的场所 |
| 禁止触摸 | 禁止触摸 | 禁止触摸的设备货物体附近 | 禁止挖掘 | 禁止挖掘 | 地下设施等禁止挖掘的区域 |
| 禁止戴手套 | 禁止戴手套 | 戴手套易造成手部伤害的作业地点 |  |  |  |

# 第二节　警　告　标　志

施工现场警告标志的名称、图形符号、设置范围和地点的规定见附表1-2。

警告标志

附表 1-2

| 名称 | 图形符号 | 设置范围和地点 | 名称 | 图形符号 | 设置范围和地点 |
|---|---|---|---|---|---|
| 注意安全 | 注意安全 | 禁止标志中易造成人员伤害的场所 | 当心爆炸 | 当心爆炸 | 易发生爆炸危险的场所 |
| 当心火灾 | 当心火灾 | 易发生火灾的危险场所 | 当心跌落 | 当心跌落 | 建筑物边沿、基坑边沿等易跌落场所 |
| 当心坠落 | 当心坠落 | 易产生坠落事故的作业场所 | 当心伤手 | 当心伤手 | 易造成手部伤害的场所 |
| 当心碰头 | 当心碰头 | 易碰头的施工区域 | 当心机械伤人 | 当心机械伤人 | 易发生机械卷人、轧伤、碾伤、剪切等机械伤害的作业场所 |
| 当心绊倒 | 当心绊倒 | 地面高低不平易绊倒的场所 | 当心扎脚 | 当心扎脚 | 易造成足部伤害的场所 |
| 当心障碍物 | 当心障碍物 | 地面有障碍物并易造成人的伤害的场所 | 当心落物 | 当心落物 | 易发生落物危险的区域 |
| 当心车辆 | 当心车辆 | 车、人混合行走的区域 | 当心塌方 | 当心塌方 | 有塌方危险的区域 |

续表

| 名称 | 图形符号 | 设置范围和地点 | 名称 | 图形符号 | 设置范围和地点 |
|------|----------|----------------|------|----------|----------------|
| 当心触电 | 当心触电 | 有可能发生触电危险的场所 | 当心冒顶 | 当心冒顶 | 有冒顶危险的作业场所 |
| 注意避雷 | 避雷装置　注意避雷 | 易发生雷电电击的区域 | 当心吊物 | 当心吊物 | 有吊物作业的场所 |
| 当心滑倒 | 当心滑倒 | 易滑倒场所 | 当心噪声 | 当心噪声 | 噪声较大易对人体造成伤害的场所 |
| 当心坑洞 | 当心坑洞 | 有坑洞易造成伤害的场所 | 注意通风 | 注意通风 | 通风不良的有限空间 |
| 当心飞溅 | 当心飞溅 | 有飞溅物质的场所 | 当心自动启动 | 当心自动启动 | 配有自动启动装置的设备处 |

# 第三节　指令标志

施工现场指令标志的名称、图形符号、设置范围和地点的规定见附表1-3。

指令标志　　　　　　　　　　　　　　　　　　　附表1-3

| 名称 | 图形符号 | 设置范围和地点 | 名称 | 图形符号 | 设置范围和地点 |
|------|----------|----------------|------|----------|----------------|
| 必须戴防毒面具 | 必须戴防毒面具 | 通风不良的有限空间 | 必须佩戴防护耳罩 | 必须戴防护耳罩 | 噪声较大易对人体造成伤害的场所 |

| 名称 | 图形符号 | 设置范围和地点 | 名称 | 图形符号 | 设置范围和地点 |
|---|---|---|---|---|---|
| 必须戴防护面罩 | 必须戴防护面罩 | 有飞溅物质等对面部有伤害的场所 | 必须戴防护眼镜 | 必须戴防护眼镜 | 有强光等对眼睛有伤害的场所 |
| 必须消除静电 | 必须消除静电 | 有静电火花会导致灾害的场所 | 必须穿防护鞋 | 必须穿防护鞋 | 具有腐蚀、灼烫、触电、刺伤、砸伤的场所 |
| 必须戴安全帽 | 必须戴安全帽 | 施工现场 | 必须系安全带 | 必须系安全带 | 高处作业的场所 |
| 必须戴防护手套 | 必须戴防护手套 | 具有腐蚀、灼烫、触电、刺伤、砸伤的场所 | 必须用防爆工具 | 必须用防爆工具 | 有静电火花会导致灾害的场所 |

# 第四节 提 示 标 志

施工现场提示标志的名称、图形符号、设置范围和地点的规定见附表1-4。

提示标志　　　　　　　　　　　　　附表 1-4

| 名称 | 图形符号 | 设置范围和地点 | 名称 | 图形符号 | 设置范围和地点 |
|---|---|---|---|---|---|
| 动火区域 | | 施工现场规定的可以使用明火的场所 | 应急避难场所 | | 容纳危险区域内疏散人员的场所 |
| 避险处 | | 躲避危险的场所 | 紧急出口 | | 用于安全疏散的紧急出口处，与方向箭头结合设置在通向紧急出口的通道处（一般应指示方向） |

# 第五节　导　向　标　志

施工现场导向标志的名称、图形符号、设置范围和地点的规定见附表 1-5。

导向标志（交通警告类）　　　　　　附表 1-5

| 名称 | 图形符号 | 设置范围和地点 | 名称 | 图形符号 | 设置范围和地点 |
|---|---|---|---|---|---|
| 直行 | | 道路边 | 向右转弯 | | 道路交叉口前 |
| 向左转弯 | | 道路交叉口前 | 停车位 | | 停车场前 |

| 名称 | 图形符号 | 设置范围和地点 | 名称 | 图形符号 | 设置范围和地点 |
|---|---|---|---|---|---|
| 靠左侧道路行驶 | | 须靠左行驶前 | 减速让行 | | 道路交叉口前 |
| 靠右侧道路行驶 | | 须靠右行驶前 | 禁止驶入 | | 禁止驶入路段入口处前 |
| 单行路（按箭头方向向左或向右） | | 道路交叉口前 | 禁止停车 | | 施工现场禁止停车区域 |
| 单行路（直行） | | 允许单行路前 | 禁止鸣笛 | | 施工现场禁止鸣喇叭区域 |
| 人行横道 | | 人穿过道路前 | 限制速度 | | 施工现场出入口等需要限速处 |
| 限制重量 | | 道路、便桥等限制质量地点前 | 限制宽度 | | 道路宽度受限处 |
| 限制高度 | | 道路、门框等高度受限处 | 停车检查 | | 施工车辆出入口处 |
| 慢行 | | 施工现场出入口、转弯处等 | 上陡坡 | | 施工区域陡坡处，如基坑施工处 |

续表

| 名称 | 图形符号 | 设置范围和地点 | 名称 | 图形符号 | 设置范围和地点 |
|------|----------|----------------|------|----------|----------------|
| 向左急转弯 | | 施工区域向左急转弯处 | 下陡坡 | | 施工区域陡坡处，如基坑施工处 |
| 向右急转弯 | | 施工区域向右急转弯处 | 注意行人 | | 施工区域与生活区域交叉处 |

# 第六节 现 场 标 线

施工现场标线的名称、图形符号、设置范围和地点的规定见附表1-6，附图1-1。

标线          附表1-6

| 图 形 | 名 称 | 设置范围和地点 |
|-------|-------|----------------|
| | 禁止跨越标线 | 危险区域的地面 |
| | 警告标线（斜线倾角为45°） | 易发生危险或可能存在危险的区域，设在固定设施或建（构）筑物上 |
| | 警告标线（斜线倾角为45°） | |
| | 警告标线（斜线倾角为45°） | |
| | 警告标线 | 易发生危险或可能存在危险的区域，设在移动设施上 |
| 高压危险 | 禁止带 | 危险区域 |

临边防护标线示意
（标志附在地面和防护栏上）

脚手架剪刀撑标线示意
（标志附在剪刀撑上）

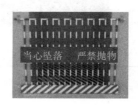

电梯井立面防护标线示意
（标线附在防护栏上）

附图1-1

93

# 第七节 制 度 标 志

施工现场制度标志的名称、设置范围和地点的规定见附表1-7。

制度标志 附表1-7

| 序号 | 名 称 | | 设置范围和地点 |
|---|---|---|---|
| 1 | 管理制度标志 | 工程概况标志牌 | 施工现场大门入口处和相应办公场所 |
| | | 主要人员及联系电话标志牌 | |
| | | 安全生产制度标志牌 | |
| | | 环境保护制度标志牌 | |
| | | 文明施工制度标志牌 | |
| | | 消防保卫制度标志牌 | |
| | | 卫生防疫制度标志牌 | |
| | | 门卫制度标志牌 | |
| | | 安全管理目标标志牌 | |
| | | 施工现场平面图标志牌 | |
| | | 重大危险源识别标志牌 | |
| | | 材料、工具管理制度标志牌 | 仓库、堆场等处 |
| | | 施工现场组织机构标志牌 | 办公室、会议室等处 |
| | | 应急预案分工图标志牌 | |
| | | 施工现场责任表标志牌 | |
| | | 施工现场安全管理网络图标志牌 | |
| | | 生活区管理制度标志牌 | 生活区 |
| 2 | 操作规程标志 | 施工机械安全操作规程标志牌 | 施工机械附近 |
| | | 主要工种安全操作标志牌 | 各工种人员操作机械附件和工种人员办公室 |
| 3 | 岗位职责标志 | 各岗位人员职责标志牌 | 各岗位人员办公和操作场所 |

名称标示示例:

# 第八节 道路施工作业安全标志

道路施工作业安全标志的名称、设置范围和地点的规定见附表1-8。

道路施工作业安全标志

附表 1-8

| 指示标志<br>图形符号 | 名称 | 设置范围<br>和地点 | 指示标志<br>图形符号 | 名称 | 设置范围<br>和地点 |
|---|---|---|---|---|---|
| | 前方施工 | 道路边 | | 锥型交通标 | 路面上 |
| | 右道封闭 | 道路边 | | 道路封闭 | 道路边 |
| | 中间道路封闭 | 道路边 | | 左道封闭 | 道路边 |
| | 向左行驶 | 路面上 | | 施工路栏 | 路面上 |
| | 向左改道 | 道路边 | | 向右行驶 | 路面上 |
| | | | | 向右改道 | 道路边 |
| | 道口标柱 | 路面上 | | 移动性施工<br>标志 | 路面上 |

# 附录二 安全使用和操作钻机的符号汇总

本节内容来源于《建筑施工机械与设备 钻孔设备安全规范》GB 26545—2011 的附录 E，图形符号和标志。

通用安全和警示标志　　　　　　　　　　　　　　　　　　附表 2-1

| 图形符号 | 名　　称 | 说　　明 |
|---|---|---|
| | 阅读操作手册 | 所有钻孔设备都必须要求 |
| | 当心挤压 | 黑色图形，黄色衬底，黑色边框 |
| | 注意 | 表示危险、危险区和需要的提示 |

通用控制符号　　　　　　　　　　　　　　　　　　　　　附表 2-2

| 图形符号 | 名　　称 | 说　　明 |
|---|---|---|
| | 接通/启动 | |
| | 断开/停止 | |
| | 通/断（按—按） | |
| | 紧急停止 | 用于识别紧急停止控制设备 |

续表

| 图形符号 | 名　　称 | 说　　明 |
|---|---|---|
| | 顺时针旋转 | |
| | 可变（可调）性 | |
| | 可变（可调）性，旋转调节 | |
| | 慢速运转/慢速 | |
| | 常速运转/常速 | |
| | 快速运转/快速 | |
| | 锁定；压紧 | |
| | 开启；松开 | |
| | 运动方向 | 虚框用实际机器的简图代替 |
| | 压力 | |
| | 油压 | |
| | 遥控 | |
| | 遥控开启 | |
| | 遥控关闭 | |
| | 自动循环；半自动循环 | |

信息符号

附表 2-3

| 图形符号 | 名　　称 | 说　　明 |
|---|---|---|
| | 吊点 | |
| | 稳定性限制—纵向角度 | 方块可由轮式或履带式钻孔设备的简图代替 |
| | 稳定性限制—横向角度 | 方块可由轮式或履带式钻孔设备的简图代替 |

用于控制钻孔设备工作的通用符号

附表 2-4

| 图形符号 | 名　　称 | 说　　明 |
|---|---|---|
| | 气能 | |
| | 压缩空气流—充满 | |
| | 压缩空气流—减弱 | |
| | 带油空气流—充满 | |
| | 带油空气流—减弱 | |
| | 液流—充满 | |
| | 液流—减弱 | |

| 图形符号 | 名　称 | 说　明 |
|---|---|---|
| | 气动系统压力 | |
| | 水压 | |
| | 有限旋转和返回 | |
| | 摆动式旋转运动（连续的） | |

用于控制钻孔设备工作的通用的机器功能符号　　　　　　　附表 2-5

| 图形符号 | 名　称 | 说　明 |
|---|---|---|
| | 离合器 | |
| | 制动 | |
| | 松开制动 | |
| | 离心泵 | |
| | 活塞泵 | |
| | 泵功能符号 | X=G 稀浆泵<br>X=C 水泥泵<br>X=M 泥浆泵 |
| | 离心泵，压力 | |
| | 进给 | |

| 图形符号 | 名　称 | 说　明 |
|---|---|---|
| | 纵向进给 | |
| | 垂直进给 | |
| | 进给压力 | |
| | 进给力 | |
| | 浮动 | |
| | 冲击—全部能量 | |
| | 冲击—部分能量 | |
| | 冲击压力 | |
| | 稳定器 | |
| | 左稳定器抬起 | |
| | 左稳定器下撑 | |

续表

| 图形符号 | 名　称 | 说　明 |
|---|---|---|
|  | 左稳定器伸出 |  |
|  | 左稳定器收回 |  |
|  | 右稳定器，伸出 |  |
|  | 右稳定器，收回 |  |
|  | 支腿 |  |
|  | 支腿，左梁只水平伸出 |  |
|  | 支腿，左梁只水平收回 |  |
|  | 支腿，左支腿只垂直向下伸出 |  |
|  | 支腿，左支腿只垂直向上收回 |  |
|  | 稳定器，只水平伸展；悬臂梁，右梁伸出，只水平伸展 |  |
|  | 稳定器，只水平收回；支腿，右梁只水平收回 |  |
|  | 稳定器，只垂直伸展；支腿，右支腿只垂直向下伸出 |  |

| 图形符号 | 名　称 | 说　明 |
|---|---|---|
| | 稳定器，只垂直收回；支腿，右支腿只垂直向上收回 | |

**钻杆装卸系统符号**　　　　　　　　　　　　　　　附表 2-6

| 图形符号 | 名　称 | 说　明 |
|---|---|---|
| | 钻杆接合 | |
| | 钻杆分开 | |
| | 夹具—打开 | |
| | 夹具—夹紧 | |
| | 摆块式夹具—打开 | |
| | 摆块式夹具—夹紧 | |
| | 止动扳手 | |
| | 夹盘 | 弯箭头方向为脱开方向 |

| 图形符号 | 名　　称 | 说　　明 |
|---|---|---|
| | 钻杆装卸舱，结合旋转符号 | |
| | 钻杆装卸臂架从钻杆舱到钻孔中心 | |
| | 钻杆装卸臂架从钻孔中心到钻杆舱 | |
| | 垂直运动钻杆用钻杆装卸舱 | |
| | 钻杆夹—夹紧 | |
| | 钻杆夹—打开 | |

| **立柱的竖立和调位符号** | | 附表 2-7 |
|---|---|---|
| 图形符号 | 名　　称 | 说　　明 |
| | 立柱升起和落下 | |
| | 立柱移出/移近，结合方向箭头 | |

| 图形符号 | 名称 | 说明 |
| --- | --- | --- |
| | 进给臂架伸展 | |
| | 进给臂架倾摆 | |
| | 进给臂架摆动 | |
| | 臂架伸展，折叠臂架 | |
| | 臂架伸展，伸缩臂架 | |
| | 臂架升降 | |
| | 臂架摆动 | |
| | 进给臂架滚转 | |
| | 立柱伸展，锁定和打开 | |

| 图形符号 | 名　称 | 说　明 |
|---|---|---|
|  | 立柱伸展，向上和向下 |  |
|  | 进给臂架支撑，向上和向下 |  |
|  | 可折叠立柱 |  |
|  | 立柱倾斜，侧向 |  |
|  | 立柱倾斜，向前—向后 |  |
|  | 立柱移动，平行移动 |  |
|  | 动力头倾斜 |  |
|  | 动力头摆出 |  |
|  | 动力头滑动 |  |
|  | 动力头，锁上和打开 |  |

**卷扬机和摩擦卷筒符号**                                   附表 2-8

| 图形符号 | 名 称 | 说 明 |
|---|---|---|
|  | 卷扬机 |  |
|  | 卷扬机，卷入 |  |
|  | 卷扬机，卷出 |  |
|  | 卷扬机，不卷绕 |  |
|  | 卷扬机锁定 |  |
|  | 卷扬机制动器 |  |
|  | 卷扬机制动 |  |
|  | 钢丝绳带吊具的卷扬机（自由下落） |  |
|  | 摩擦卷筒 |  |

**移位行走符号**　　　　　　　　　　　　　　　　　　　　　附表 2-9

| 图形符号 | 名　　称 | 说　　明 |
|---|---|---|
| | 履带底盘的移位行走，向前或向后 | |
| | 轮式底盘的移位行走，向前或向后 | |
| | 履带摆动 | |

**其他符号**　　　　　　　　　　　　　　　　　　　　　　　附表 2-10

| 图形符号 | 名　　称 | 说　　明 |
|---|---|---|
| | 搅拌器，通用的 | |
| | 螺旋钻具刮土器 | |
| | 顶芯机 | |
| | 套管摆动或回转 | |
| | 上部结构回转 | |
| | 双动力头钻机，两个动力头的相对位移 | |

续表

| 图形符号 | 名　称 | 说　明 |
|---|---|---|
|  | 吸尘罩，向上和向下 |  |
|  | 粉尘收集 |  |

# 参 考 文 献

［1］ GB 26545—2011 建筑施工机械与设备 钻孔设备安全规范［S］. 北京：中国标准出版社，2012.

［2］ JB/T 12156—2015 建筑施工机械与设备 锚杆钻机［S］. 北京：中国标准出版社，2015.

［3］ JGJ 33—2012 建筑机械使用安全技术规范［S］. 北京：中国建筑工业出版社，2012.

［4］ JGJ 160—2016 施工现场机械设备检查技术规范［S］. 北京：中国建筑工业出版社，2017.

［5］ 贺立军，鲍亮，刘银 . 新型多功能锚杆钻机液压系统的设计［J］. 煤矿机械，2010，09.

［6］ 蒋顺东，郭传新，李丽，等 . 锚杆钻机的结构特点分析［J］. 建筑机械（上半月刊），2010，04.